Adobe InDesign 2020
基础教材

王琦 主编

金辉 编著

人民邮电出版社

北京

图书在版编目（CIP）数据

Adobe InDesign 2020基础教材 / 王琦主编 ；金辉
编著. -- 北京 ： 人民邮电出版社，2022.1
ISBN 978-7-115-57418-3

Ⅰ．①A… Ⅱ．①王… ②金… Ⅲ．①电子排版—应用
软件—教材 Ⅳ．①TS803.23

中国版本图书馆CIP数据核字(2021)第194092号

◆ 主　编　王　琦
　　编　著　金　辉
　　责任编辑　赵　轩
　　责任印制　王　郁　陈　犇

◆ 人民邮电出版社出版发行　　北京市丰台区成寿寺路 11 号
　　邮编　100164　电子邮件　315@ptpress.com.cn
　　网址　https://www.ptpress.com.cn
　　北京捷迅佳彩印刷有限公司印刷

◆ 开本：787×1092　1/16
　　印张：11.75　　　　　　　2022 年 1 月第 1 版
　　字数：203 千字　　　　　　2024 年 8 月北京第 2 次印刷

定价：69.90 元

读者服务热线：(010)81055410　印装质量热线：(010)81055316
反盗版热线：(010)81055315
广告经营许可证：京东市监广登字 20170147 号

本书编委会名单

主　编：王　琦

编　著：金　辉

编委会：姜　超　上海震旦职业学院
　　　　倪宝有　火星时代教育互动媒体学院教学总监
　　　　孙　涵　上海电子信息职业技术大学
　　　　孙均海　上海中侨职业技术学院
　　　　孙晓晨　上海工艺美术职业学院
　　　　余文砚　广西幼儿师范高等专科学校
　　　　张芸芸　上海东海职业技术学院

随着移动互联网技术的高速发展，数字艺术为电商、短视频、5G等新兴领域的飞速发展提供了前所未有的强大助力。以数字技术为载体的数字艺术行业，在全球范围内呈现出高速发展的态势，为中国文化产业的再次兴盛贡献了巨大力量。据2019年8月发布的《中国数字文化产业发展趋势研究报告》显示，在经济全球化、新媒体融合、5G产业即将迎来大爆发的行业背景下，数字艺术还会迎来新一轮的飞速发展。

行业的高速发展，需要持续不断的"新鲜血液"注入其中。因此，我们要不断推进数字艺术相关行业职教体系的发展和进步，培养更多能够适应未来数字艺术产业的技术型人才。在这方面，火星时代（全称北京火星时代科技有限公司）积累了丰富的经验。作为我国较早进入数字艺术领域的教育机构，自1994年创立"火星人"品牌以来，该机构一直秉承"分享"的理念，毫无保留地将最新的数字技术分享给更多的从业者和大学生，使我国的数字艺术教育成果显著。27年来，火星时代一直专注于数字技能型人才的培养，"分享"也成为我们刻在骨子里的坚持。现在，我们每年都会为行业输送数以万计的优秀技能型人才，教学成果、图书教材和教学案例通过各种渠道辐射全国，很多艺术类院校和相关专业都在使用火星时代编著的教材或提供的教学案例。

火星时代创立初期以图书出版为主营业务，在教材的选题、编写和研发上自有一套成功的经验。从1994年出版第一本《三维动画速成》至今，火星时代已出版图书超100种，累计销量已过千万册。在纸质出版图书从式微到复兴的大潮中，火星时代的教学团队从未中断过在图书出版方面的探索和研究。

"教育"和"数字艺术"是火星时代长足发展的两大关键词。教育具有前瞻性和预见性，数字艺术又因与计算机技术的发展息息相关，一直都处在时代的最前沿。而在这样的环境中，"居安思危、不进则退"成为火星时代发展路上的座右铭。我们也从未停止过对行业的密切关注，尤其重视由技术革新带来的人才需求的新变化。2020年上半年，通过对上万家合作企业和几百所合作院校的最新需求调研，我们发现，对新版本软件的熟练使用，是联结人才供需双方诉求的最佳结合点。因此，我们选择了目前行业需求最急迫、使用最多、版本最新的几大软件，发动具备行业一线水准的火星时代精英讲师，精心编写了这套基于软件实用功能的系列图书。该系列图书内容全面，覆盖软件操作的核心知识点，还创新性地搭配了按照章节划分的教学视频、课件PPT、教学大纲、设计资源及课后练习题，非常适合零基础读者，同时还能够很好地满足各大高等专业院校或高职院校的视觉、设计、媒体、园艺、工程、美术、摄影、编导等相关专业的授课需求。

学生学习数字艺术的过程就是攀爬金字塔的过程，从基础理论、软件学习、商业项目实战、专业知识的横向扩展和融会贯通，一步步地进阶到金字塔尖。火星时代在艺术职业教育领域经过27年的发展，已经创造出一整套完整的教学体系，帮助学生在成长的每个阶段完成挑战，顺利进入下一阶段。我们出版图书的目的也是如此。在这里也由衷感谢人民邮电出版社和 Adobe 中国授权培训中心的大力支持。

美国心理学家、教育家本杰明·布卢姆（Benjamin Bloom）曾说过："学习的最大动力，是对学习材料的兴趣。"希望这套浓缩了我们多年教育精华的图书，能给您带来极佳的学习体验！

王琦

火星时代教育创始人、校长

软件介绍

InDesign是Adobe公司推出的版式综合应用处理软件。平面设计师可以用InDesign设计海报、书籍、画册、杂志等视觉作品，插画师可以用InDesign将绘画作品排版成册，网页设计师可以用InDesign设计网页框架。发展至今的InDesign 2020，不仅延续了之前版本的传统平面载体设计功能，还紧贴新媒体平台设计需求，完善了网络端、移动端的设计功能，功能更加强大、完备。InDesign 2020迎合当下全链路设计师的工作需求，成为视觉设计师的必备工具之一。

本书是基于InDesign 2020编写的，建议读者使用该版本软件。如果读者使用的是其他版本的软件，也可以正常学习本书所有内容。

内容介绍

第1课"走进奇妙的InDesign世界"讲解了InDesign的发展历程和应用领域，以及读者如何获取Adobe国际认证证书。

第2课"InDesign 2020的基础操作"讲解了InDesign的基础操作，主要包括软件界面、视图操作、首选项设置等。

第3课"文档的基础操作"讲解了文档的相关知识与应用。

第4课"置入与处理图像"主要讲解了图像处理的相关知识与应用。

第5课"图形/图像、框架和容器"重点讲解了图形在InDesign中的重要作用与相关应用。

第6课"色板和渐变"讲解了色彩的相关知识与应用。

第7课"'效果'面板的应用"集中讲解了"效果"面板的相关知识与应用。

第8课"文本的操作技巧"是本书的重点，全面系统地讲解了文字段落在软件中的综合应用。

第9课"创建与设计表格"讲解了表格在InDesign中的应用。

第10课"书籍编排"讲解了书籍编排流程及版式类型的知识与应用。

第11课"书籍整合和目录制作"讲解了书籍目录的制作。

第12课"印前与输出"讲解了印前与输出的专业知识。

第13课"综合实例"通过画册实操案例详细讲解了版式设计的核心内容。

本书特色

本书内容循序渐进，理论与应用并重，能够帮助读者从零基础的初学者入门并提升为进阶者。此外，本书有完整的讲义、素材等课程资源，还融入了案例视频教学内容，读者可以更好地理解、掌握与熟练运用InDesign。

理论知识与实践案例相结合

针对图形与图像、版式设计，本书先讲解相关工作必备的理论知识，再通过实践案例的介绍加深读者的理解，让读者真正做到知其然，知其所以然，达到事半功倍的学习效果。

资源

本书为读者提供了大量资源，包括视频教程、讲义，案例素材、源文件及最终效果文件。视频教程与书中内容相辅相成、相互补充；讲义既可以使读者快速梳理知识要点，也可以帮助教师制订课程教案。

作者简介

王琦：火星时代教育创始人、校长，中国三维动画教育奠基人，北京信息科技大学兼职教授、上海大学兼职教授，Adobe教育专家、Autodesk教育专家，出版《三维动画速成》、"火星人系列多媒体教学丛书"等图书和多媒体音像制品50余部。

金辉：资深平面设计师，专注于平面创意设计、版式设计、书籍装帧等领域，有19年设计工作经验；火星时代互动媒体系资深讲师，教龄12年，获得Adobe全国优秀讲师认证。

读者收获

学习完本书后，读者可以熟练地掌握InDesign的操作方法，还将对版式综合设计工作有更深入的理解。

本书在编写过程中难免存在错漏之处，希望广大读者批评指正。如果读者在阅读本书的过程中有任何建议，可以发送电子邮件至 zhaoxuan@ptpress.com.cn 联系我们。

编者

2021年10月

本书以课、节、知识点和案例的形式对内容进行了划分。

课 每课将讲解 InDesign 具体的功能或项目。

节 将每课的内容划分为几个学习任务。

知识点 将每节内容的理论基础分为几个知识点进行讲解。

案例 对该课或该节知识进行操作练习。

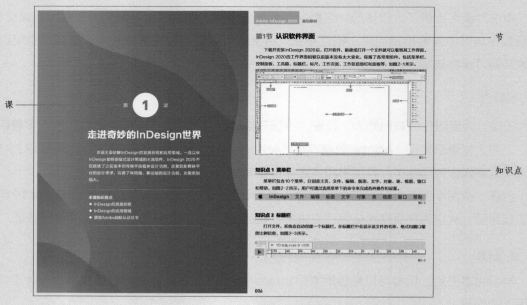

本课练习题

依据每课的学习内容，进行相应知识点的操作练习。

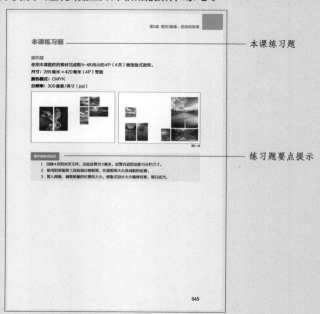

软件版本及操作系统

本书使用的软件是InDesign 2020版本，操作系统为macOS。软件在mac系统与Windows系统中操作方式相同。

为兼顾使用不同系统的读者学习，本书正文使用Windows系统进行讲解。若读者使用macOS进行操作和学习，本书中的Ctrl键对应的是Command键，Alt键对应的是Option键。

资源获取

本书附赠所有课程的讲义，重点案例的详细操作视频和素材文件。登录QQ，搜索群号"1032872099"加入InDesign图书服务群，或用微信扫描二维码关注微信公众号"职场研究社"，回复"57418"，即可获得本书所有资源的下载方式。

职场研究社

课时安排

课程名称	InDesign 2020基础		
教学目标	使学生掌握InDesign的综合功能，并能使用软件创作平面设计作品		
总课时	32	总周数	16

课时安排

周次	建议课时	教学内容	作业
1	1	走进奇妙InDesign世界（本书第1课）	0
2	1	InDesign 2020的基础操作（本书第2课）	0
3	2	文档的基础操作（本书第3课）	0
4	3	置入与处理图像（本书第4课）	0
5	3	图形/图像、框架和容器（本书第5课）	0
6	3	色板和渐变（本书第6课）	0
7	3	"效果"面板的应用（本书第7课）	0
8	3	文本的操作技巧（本书第8课）	1
9	3	创建与设计表格（本书第9课）	1
10	3	书籍编排（本书第10课）	1
11	2	书籍整合和目录制作（本书第11课）	1
12	2	印前与输出（本书第12课）	1
13	3	综合实例（本书第13课）	1

目录

目录

第 8 课　文本的操作技巧

第 9 课　创建与设计表格

第 10 课　书籍编排

走进奇妙的InDesign世界

本课主要讲解InDesign的发展历程和应用领域。一直以来InDesign始终是版式设计领域的主流软件，InDesign 2020不仅延续了之前版本的传统平面载体设计功能，还紧贴新媒体平台的设计需求，完善了网络端、移动端的设计功能，功能更加强大。

本课知识要点

◆ InDesign的发展历程

◆ InDesign的应用领域

◆ 获取Adobe国际认证证书

第1节 InDesign的发展历程

InDesign是Adobe公司研发的平面设计软件，自1999年发布1.0版本至今，历经数年，凭借自身强大的实用功能深受设计师的喜爱，与Photoshop和Illustrator一起被称为"平面设计三剑客"。为顺应互联网及移动端设计的需求，其功能不断升级，到InDesign 2020版本已具备跨媒体平台的视觉设计功能，其常用领域包括印刷品视觉设计、网页视觉设计和移动端视觉设计等，如图1-1所示。

图1-1

第2节 InDesign的应用领域

InDesign在书籍、画册、杂志版式设计上独树一帜，可以打造丰富的效果（见图1-2），还可以帮助视觉设计师提高工作效率。InDesign同样适用于Web页面的视觉设计。图1-3所示为电商网页视觉设计。InDesign还适用于移动端产品的视觉设计，如图1-4所示。

图1-2

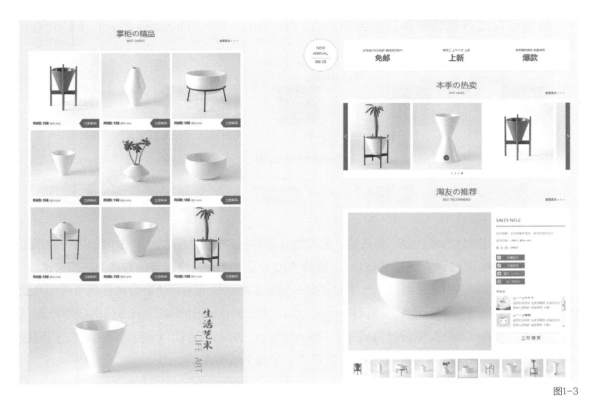

图1-3

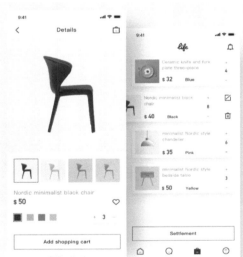
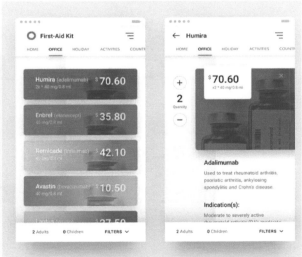

图1-4

第3节 获取Adobe国际认证证书

Adobe国际认证（Adobe Certified Associate，ACA）是Adobe公司推出的权威国际认证，是面向全球Adobe软件的学习和使用者的一套全面、科学、严谨、高效的考核体系。

目前可以进行认证的科目包含Photoshop、Illustrator、Dreamweaver、InDesign、Animate CC等，如图1-5所示。

图1-5

认证考试内容分为单选题、多选题、匹配题和软件操作题，共40道，其中约25%为理论题。答题时间为50分钟。满分1000分，取得700分及以上为及格。考核方式为在线考试。

每通过一款软件的认证考试，考生将获得一张对应的认证证书。认证考试适用于任何专业的学生或Adobe 产品使用者。拥有Photoshop、Illustrator和InDesign 3门同版本产品证书可免费换取Adobe 视觉设计师证书，Photoshop、Animate和Dreamweaver 3门同版本产品证书可免费换取Adobe 网页设计师证书，如图1-6所示。

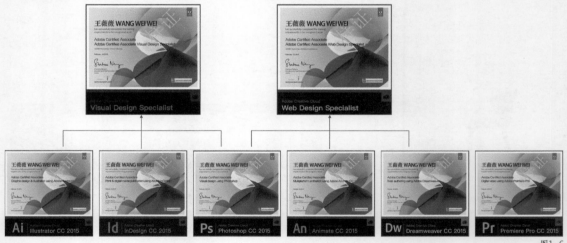

图1-6

第 **2** 课

InDesign 2020的基础操作

本课主要讲解InDesign的基础操作，包括认识界面、视图操作、工具箱、首选项设置和自定义快捷键等。掌握这些基础操作有助于后续进一步学习该软件的其他功能。

本课知识要点

◆ 认识软件界面

◆ 自定义菜单和快捷键

◆ 视图的基本操作

◆ 首选项设置

第1节　认识软件界面

　　下载并安装InDesign 2020后，打开软件，新建或打开一个文件就可以看到其工作界面。InDesign 2020的工作界面相较以前版本没有太大变化，保留了各常用组件，包括菜单栏、控制面板、工具箱、标题栏、标尺、工作页面、工作区信息栏和面板等，如图2-1所示。

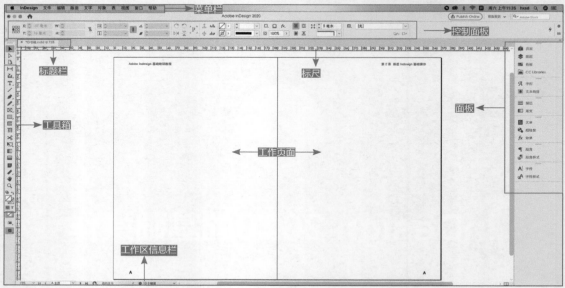

图2-1

知识点 1　菜单栏

　　菜单栏包含10个菜单，分别是主页、文件、编辑、版面、文字、对象、表、视图、窗口和帮助，如图2-2所示。用户可通过选择菜单下的命令来完成各种操作和设置。

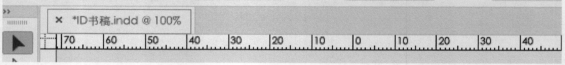

图2-2

知识点 2　标题栏

　　打开文件，系统会自动创建一个标题栏，在标题栏中会显示该文件的名称、格式和窗口缩放比例信息，如图2-3所示。

图2-3

知识点3 工具箱

工具箱集合了InDesign 2020的大部分工具。工具箱可以折叠显示或展开显示。单击工具箱顶部的"折叠"或"展开"按钮，可以将其设置为双栏或单栏显示，如图2-4所示。

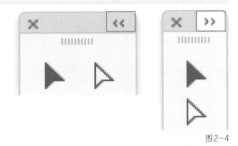

图2-4

知识点4 标尺

在InDesign 2020中，标尺默认为隐藏状态。执行"视图→显示标尺"命令（快捷键为Ctrl+R）可将标尺设置为显示状态。将鼠标指针放在标尺的位置，右击鼠标可以更改标尺单位，如图2-5所示。

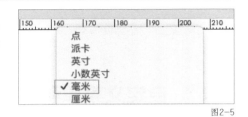

图2-5

知识点5 控制面板

在控制面板中可以设置当前选中的工具或对象的属性和状态。在工具箱中选择不同的工具，控制面板会随之改变，如图2-6所示。

图2-6

知识点6 面板

面板位于整个软件界面的右端，打开具体面板的命令可以在"窗口"菜单下找到。例如，执行"窗口→对象和版面→对齐"命令即可打开"对齐"面板，如图2-7所示。

知识点7 工作区信息栏

工作区信息栏位于整个软件界面的底端。在工作区信息栏的页面菜单中选中"页码"可以快速跳转至指定页面，如图2-8所示。在工作区信息栏中可以查看文件印前检查的结果，包括检查文档的图像链接及字体框架情况等，方便随时纠错，如图2-9所示。

图2-7

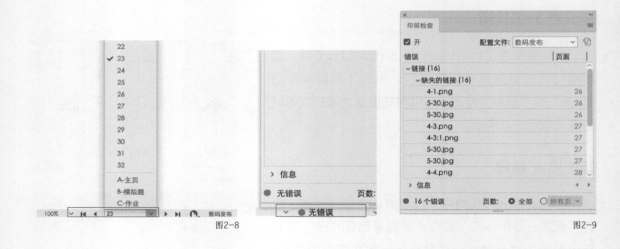

图2-8　　　　　　　　　　　　　　　　　　　　　图2-9

第2节　自定义菜单和快捷键

　　菜单自定义命令可以更改菜单显示条的颜色，便于菜单命令的应用识别。为了在设计过程中提高工作效率，针对工作中经常使用的菜单命令，除了使用软件默认的快捷键，用户还可以对快捷键进行个性化的设置，以达到事半功倍的效果。

知识点 1　菜单自定义命令

　　菜单自定义命令可以使菜单命令以彩色显示，便于查找与应用常用的菜单命令。执行"编辑→菜单..."命令可以打开"菜单自定义"对话框设置菜单命令的可视颜色，如图2-10所示。

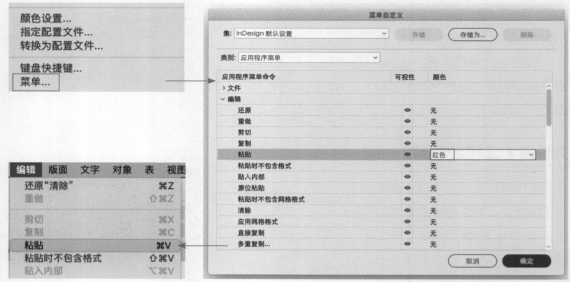

图2-10

　　在软件使用过程中，不需要对每一个菜单命令的颜色进行设置，只需要设置关键性的、经常使用的命令即可，如原位粘贴、边距和分栏等，如图2-11所示。

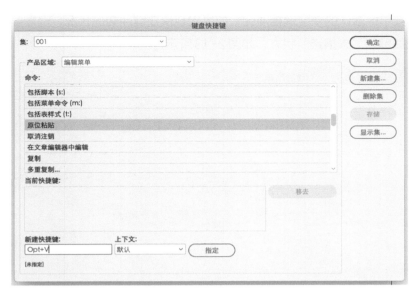

图2-11

知识点 2 键盘快捷键

执行"编辑→键盘快捷键"命令可以打开"键盘快捷键"对话框，在对话框中设置常用菜单命令的快捷键，如将原位粘贴命令的快捷键设置为 Alt+V，如图 2-12 所示。

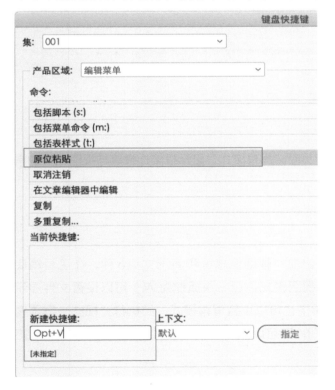

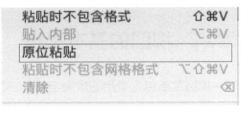

图2-12

新设置的快捷键不能与菜单中默认的快捷键相冲突，如果出现快捷键冲突的状况，则需要重新设置，保证新设置的快捷键为"未指定"状态，如图2-13所示。

图2-13

第3节　视图的基本操作

视图菜单包含常用的放大与缩小、适合页面、屏幕模式、显示框架边缘等与视图相关的常用命令。

知识点1　屏幕模式

文件的屏幕模式可分为正常、预览、出血、辅助信息区和演示文稿5种，在工具箱底部单击按钮可进行切换，如单击"正常"视图模式按钮（快捷键为W）可以设置文件显示模式为正常，如图2-14所示。在视图菜单下也可以设置屏幕模式，如执行"视图→屏幕模式→演示文稿"命令（快捷键为Shift+W），即可以演示文稿的模式显示文件，如图2-15所示。

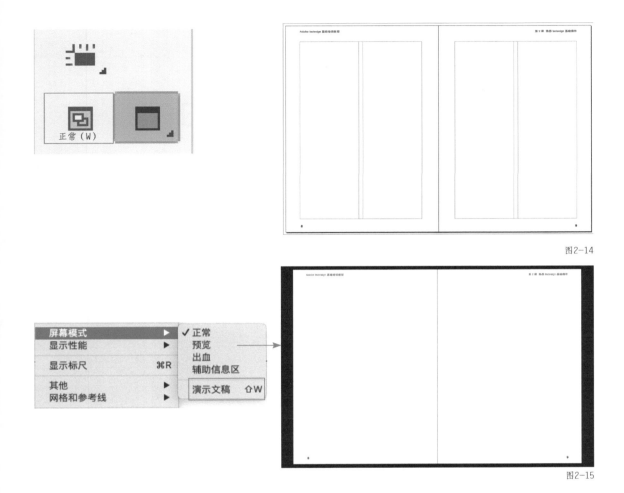

图2-14

图2-15

知识点2 其他视图选项

使用工具箱底部的"视图选项"按钮可以进行对象框线、标尺等视图的设置。单击工具箱底部的"视图选项"按钮，在弹出的菜单中勾选"框架边线"选项，即可使文件中的对象显示蓝色框架线，如图2-16所示。

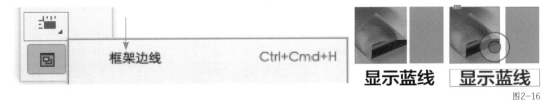

图2-16

第4节 首选项设置

执行"编辑→首选项"命令下的"常规"等子命令，可以打开"首选项"对话框。如图2-17

所示，该对话框可以对界面、单位和增量、显示性能等进行设置。

首选项

常规	界面
界面	
文字	外观
高级文字	
排版	颜色主题：
单位和增量	□ 将粘贴板与主题颜色匹配
网格	
参考线和粘贴板	光标和手势选项
字符网格	工具提示：快速
词典	☑ 置入时显示缩览图
拼写检查	☑ 显示变换值
自动更正	☑ 启用多点触控手势
附注	☑ 突出显示选择工具下的对象
修订	
文章编辑器显示	面板
显示性能	浮动工具面板：双栏
GPU 性能	□ 自动折叠图标面板
黑色外观	☑ 自动显示隐藏面板
文件处理	☑ 以选项卡方式打开文档
剪贴板处理	☑ 启用浮动文档窗口停放
Publish Online	☑ 大选项卡
中文排版选项	

选项

手形工具：　　较佳性能　　　　　　　较佳品质　灰条化图像

即时屏幕绘制：延迟

□ 拖动时灰条化矢量图形

图2-17

知识点 1　界面的设置

执行"编辑→首选项→界面"命令，在弹出的对话框中可以对软件界面的外观、光标和手势选项、面板等进行设置，如在对话框的"外观"区域选择深色界面选项，软件界面将改变为深色主题，如图2-18所示。

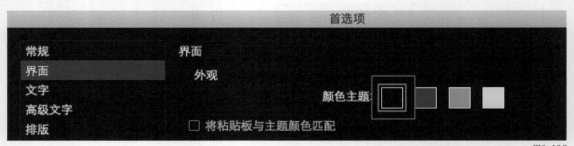

首选项

常规
界面
文字
高级文字
排版

界面

外观

颜色主题：

□ 将粘贴板与主题颜色匹配

图2-18/1

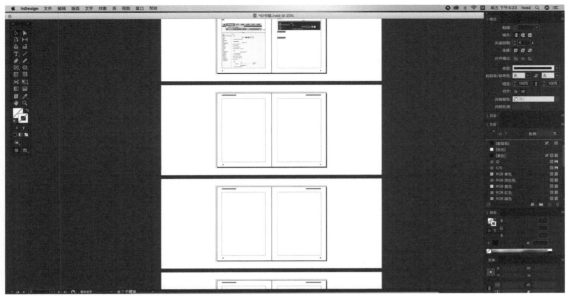

图2-18/2

知识点 2 单位和增量的设置

执行"编辑→首选项→单位和增量"命令，在弹出的对话框中可以对标尺单位、其他单位、键盘增量等进行设置，如图2-19所示。

图2-19

知识点 3 网格的设置

执行"编辑→首选项→网格"命令，在弹出的对话框中可更改基线网格与文档网格的属性，如图2-20所示。文档网格与基线网格在版式设计中可以用来显示文本对齐效果。

基线网格多用于英文的版式设计，在需要中英文混排的情况下，使用基线网格有利于设计师在版式设计中对照中英文字体及段落的对齐效果，以便实现更精准的对齐，如图2-21所示。

首选项

常规	网格
界面	
文字	**基线网格**
高级文字	
排版	颜色：■ 淡蓝色
单位和增量	开始：28.346 点
网格	相对于：页面顶部
参考线和粘贴板	间隔：14.173 点
字符网格	视图阈值：75%
词典	
拼写检查	**文档网格**
自动更正	颜色：■ 淡灰色
附注	
修订	水平　　　　　　　　　垂直
文章编辑器显示	网格线间隔：20 毫米　　网格线间隔：20 毫米
	子网格线：10　　　　　子网格线：10

图2-20

　　　　随着移动互联网技术的高速发展，数字艺术为电商、短视频、5G等新兴领域的飞速发展提供了前所未有的强大助力。

　　　　以数字技术为载体的数字艺术行业，在全球范围内呈现出高速发展的态势，为中国文化产业的再次兴盛贡献了巨大力量。

　　　　Rum et latiur si conseque comnim quam, tem. Nam, omniende nonsecto optaspici a cum iducid et hil maionec temolor rovidellam harciaepere vel ime re audictota voluptibus nosam de pro bernam si ducieni squiam alitate que cuptatecaepe sa dis demqui simusandam a id eaquas mollaut que volupti onsequibeat.

图2-21

　　　　文档网格又称"网状网格"，设计师多利用文档网格进行版式设计的框架分割。它由一系列的水平线和垂直线构成，可以根据版面设计的需要随时调整单个网格的尺寸，如图2-22所示。

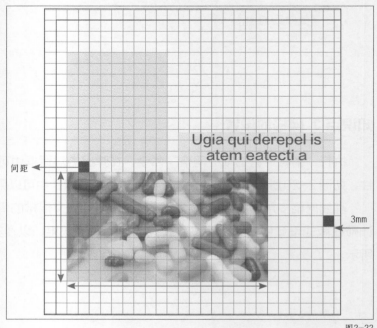

图2-22

在页面中右击鼠标，可以在弹出的快捷菜单中执行"网格和参考线"命令下的"显示基线网格"和"显示文档网格"命令，快速切换两种网格的页面显示状态，如图2-23所示。

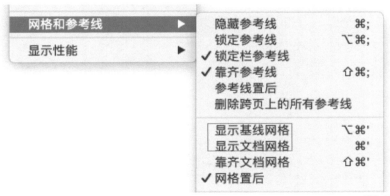

图2-23

第 **3** 课

文档的基础操作

本课将讲解InDesign 2020中文档的新建、打开、设置、存储与关闭等常用操作。

文档操作看似简单，却是工作中非常重要的、需要经常重复的操作。在设计制作过程中，存储操作不能停，另存为更是必不可缺的备份命令，这些都应该成为设计师的操作习惯。

本课知识要点
◆ 打开文档
◆ 新建文档
◆ 文档设置
◆ 存储文档与关闭文档
◆ 文档打包

第1节 打开文档

执行"文件→打开"命令（快捷键为Ctrl+O）可以打开一个或多个InDesign文档。双击InDesign文档图标，在未启动InDesign程序的情况下，也可以打开文档，如图3-1所示。

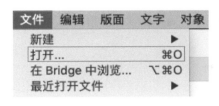

图3-1

第2节 新建文档

执行"文件→新建"命令（快捷键为Ctrl+N），在弹出的"新建文档"对话框中可以设置新建文档的参数。系统的文档参数预设分为打印（应用于印刷品）、Web（应用于网页）、移动设备（应用于手机、平板电脑等）3类，选择预设的文档类型可以快速新建指定参数的文档，如图3-2所示。

图3-2

知识点 1 设置边距和分栏

新建文档时，一般需要设置文档的边距和分栏。单击"新建文档"对话框右下角的"边距和分栏"按钮，在弹出的"边距和分栏"对话框中可以设置文档上、下、内、外的页面边距，还可以设置文本的分栏和栏间距，如图3-3所示。

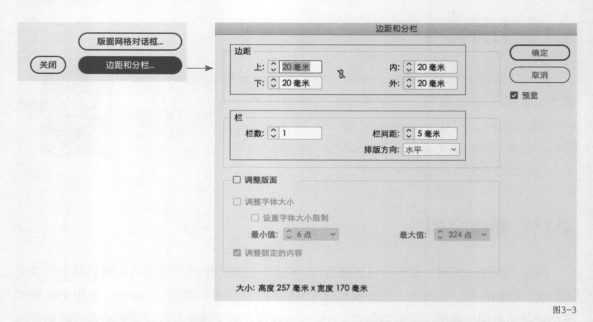

图3-3

分栏可以将版心分割成多栏，便于制作丰富的版式，提高文本的阅读体验。在编辑文档过程中执行"版面→边距和分栏"命令，即可将版心分为2栏或多栏，同时还可以设置栏间距，如图3-4所示。

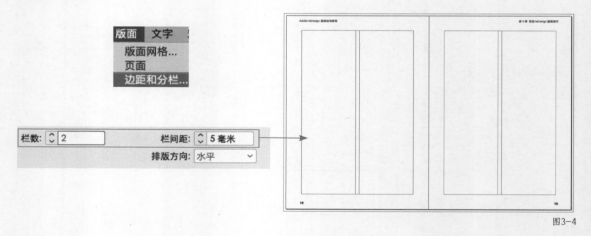

图3-4

知识点 2　设置版面网格

单击"新建文档"对话框右下角的"版面网格对话框"按钮，在弹出的"新建版面网格"对话框中可以设定版面网格的相应单位和参数，如图3-5所示。版面网格适用于文字较多的中文版式设计，如小说、论文的版式设计。

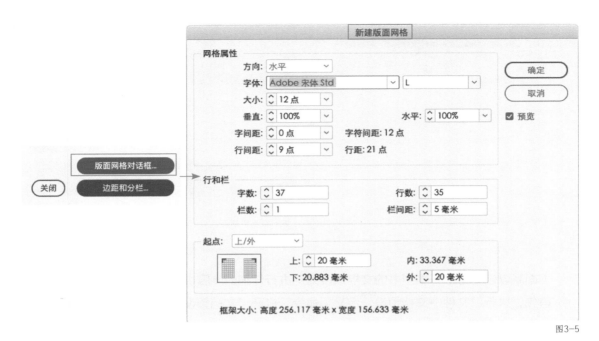

图3-5

在编辑文档过程中，执行"版面→版面网格"命令也能打开"版面网格"对话框。在其中设置字体、字号、字间距、行间距、分栏及间距等参数后，可以得到以字体排版为版式的页面，如图3-6所示。

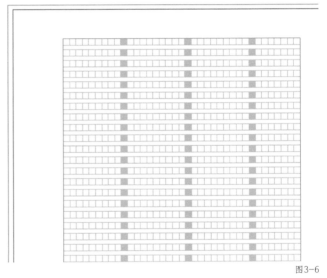

图3-6

知识点 3 创建与使用文档预设

执行"文件→文档预设→定义"命令可以新建和储存文档的预设，还可以载入已有的文档设置，如图3-7所示。在"文档预设"对话框中设置所需数据，将常用的文档设置创建为预设参数，方便用户快速创建常规尺寸的文档。

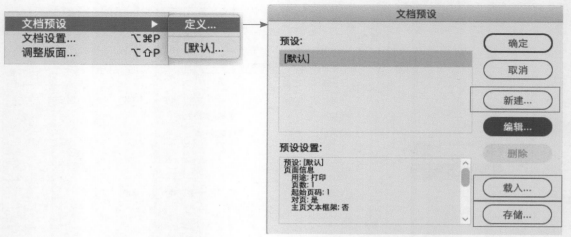

图3-7

下面就以创建方形开本图书的文档预设为例进行详细的步骤讲解。

首先，执行"文件→文档预设→定义"命令，打开"文档预设"对话框，单击"新建"按钮，如图3-8所示。

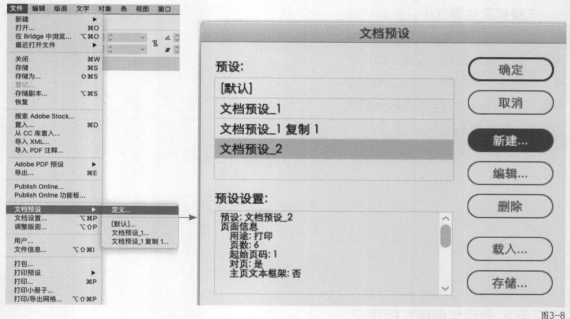

图3-8

在"新建文档预设"对话框中设置文档的具体参数，将此文档预设命名为"方形开本"，单击"确定"按钮，如图3-9所示。此时，再次执行"文件→文档预设"命令，就能看到"方形开本"已经出现在文档预设的子菜单中，如图3-10所示。创建好文档预设后，在新建文档时就可以快速使用预设的参数创建文档了。

图3-9 图3-10

如果想在其他计算机使用自定义的文档预设，需要将文档预设存储下来，然后在另一台计算机中载入。执行"文件→文档预设→定义"命令，打开"文档预设"对话框，选中预设"方形开本"，单击"存储"按钮，即可完成文档预设的存储，如图3-11所示。存储好的文档预设文件扩展名为".dcst"，如图3-12所示。在新的计算机中执行"文件→文档预设→定义"命令，打开"文档预设"对话框，单击"载入"按钮，在弹出的"载入文档预设"对话框中选择预设文档，单击"打开"按钮即可完成预设的载入。

图3-11

方形开本.dcst

图3-12

第3节　文档设置

　　执行"文件→文档设置"命令（快捷键为Ctrl+Alt+P），在弹出的"文档设置"对话框中可以随时调整文档的大小，文档以单页还是对页显示，文档的用途等，如图3-13所示。文档的用途按不同的载体功能分为打印、Web、移动设备3类，其中，针对印刷用途的文档，系统默认的出血参数为3毫米，这是印刷行业输出的标准设置。

第4节　存储文档与关闭文档

　　执行"文件→存储"命令（快捷键为Ctrl+S）可以随时存储InDesign文档。执行"文件→存储为"命令（快捷键为Ctrl+Shift+S）可以将文档存储为其他格式，如IDML格式等，如图3-14所示。IDML格式是低版本的通用格式，使用此格式可以避免文档因使用软件的版本高低不一而无法打开。

　　执行"文件→关闭"命令（快捷键为Ctrl+W）可以关闭文档。

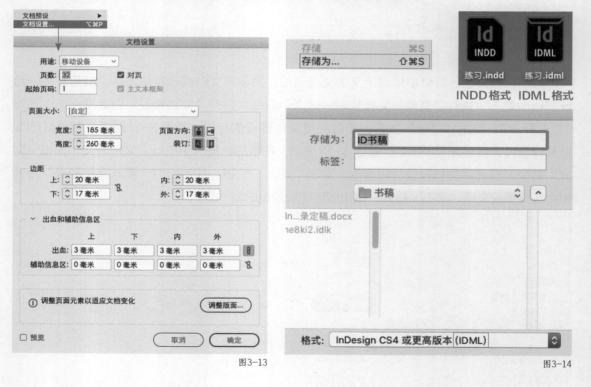

图3-13　　　　　　　　　　　　　　　　　　　　　　　　图3-14

第5节　文档打包

　　执行"文件→打包"命令系统将自动把文档及其相关链接文件存储在一个指定位置的文件夹内。文件夹中包含链接的图像、运用的字体、以两种文件格式存储的文档，以及自动导出的PDF文件，如图3-15所示。打包的目的是将文档中链接的图像进行有序整理并整合应用的字体，这样可以保证在其他计算机中打开该文档时文档中的图像及字体不缺失。

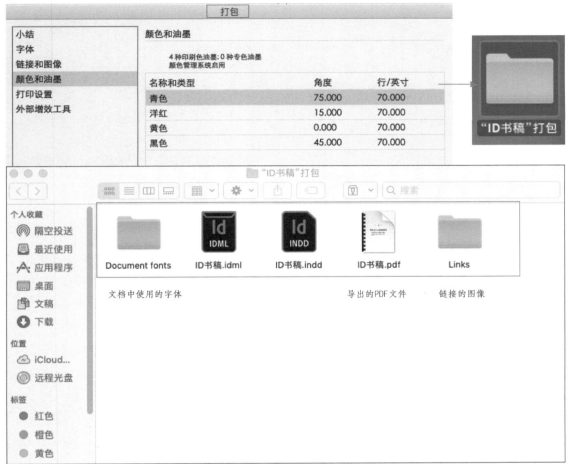

图3-15

第 **4** 课

置入与处理图像

本课将讲解在InDesign文档中置入图像的方法、常规设置，以及"链接"面板的常用操作。置入命令是InDesign中使用频率最高的命令之一，既可以置入图像又可以置入文档。置入图像时，一次既可以置入单张图像也可以置入多张图像。InDesign图像本身就是框架路径，本课将对图像的细节操作进行深入讲解。

本课知识要点

◆ 直接置入图像

◆ 通过框架置入图像

◆ 置入带透明度的图像

◆ 置入带剪切路径的图像文件

◆ "链接"面板

第1节 直接置入图像

执行"文件→置入"命令（快捷键为Ctrl+D），在弹出的"置入"对话框中选择图像，单击"打开"按钮即可在文档中置入图像，选择图像时，按住Ctrl键可加选图像，如图4-1所示。

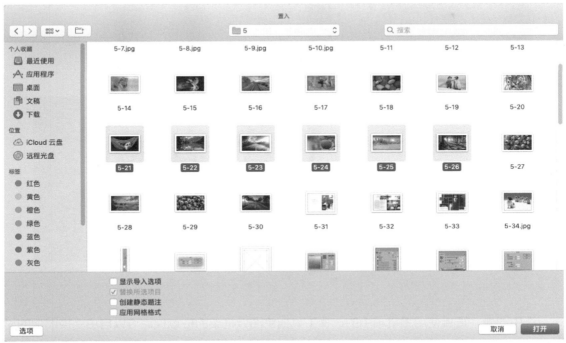

图4-1

选中文档中的图像，按住Ctrl+Shift键拖曳图像的任意控点，可按比例放大、缩小图像，如图4-2所示。

图4-2

选择图像，拖曳图像的任意控点，可放大、缩小图像的显示范围。调整图像显示范围后，执行"对象→适合→按比例填充框架"命令，图像将重新填充在新的框架中，如图4-3所示。

图4-3

选中图像，直接使用工具箱中的选择工具拖曳图像框架的任意控点可以自由变换图像的显示范围。图像框架本身也是图像的蒙版。执行"对象→适合→按比例填充框架"命令，图像将重新填充在新的框架中，如图4-4所示。

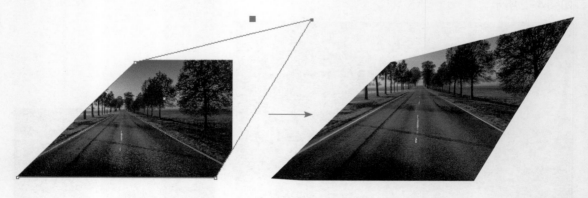

图4-4

第2节 通过框架置入图像

选择工具箱中的矩形框架工具（快捷键为F）或椭圆框架工具绘制框架，然后选中绘制出来的框架，执行"文件→置入"命令，即可将图像置入绘制好的框架中，如图4-5所示。

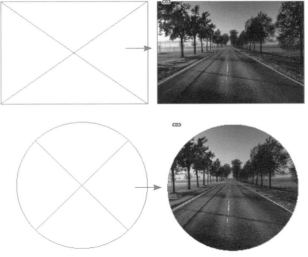

图4-5

第3节 置入带透明度的图像

在InDesign中还可以置入带有透明度的图像，如PSD、PNG等格式的图像。执行"文件→置入"命令，在弹出的"置入"对话框中勾选"显示导入选项"，图像被置入文档时将自带图层，如图4-6所示。

图4-6

第4节　置入带剪切路径的图像文件

　　使用置入命令还可以置入在Photoshop中经过处理的带剪切路径的图像文件。执行"文件→置入"命令，在弹出的"置入"对话框中勾选"显示导入选项"，然后在弹出的"图像导入选项"面板中勾选"应用Photoshop剪切路径"，可以将图像文件置入InDesign文档中并呈现出保留剪切路径的效果，如图4-7所示。

图4-7

第5节　"链接"面板

　　执行"窗口→链接"命令（快捷键为Ctrl+Shift+D），可以打开"链接"面板。"链接"面板中显示的是所有置入在文档中的图像的详细信息，如图4-8所示。

　　在"链接"面板中可以检查InDesign文档中图像的链接状态。如果链接图像缺失或图像名称发生改变，在"链接"面板中图像名称的后方将显示"?"或"!"，如图4-9所示，此时需要重新链接丢失的图像或将图像名称更改为初始名称。因此，在工作中要注意，不要随意修改已经置入的图像的路径，更不要随意更改图像的名称。打包文档前需要检查"链接"面板，确认所有图像链接处于正常状态，如图4-10所示。

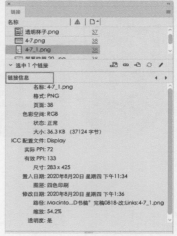

图4-8

图4-9

图4-10

第 **5** 课

图形/图像、框架和容器

在InDesign中，图形/图像常作为框架或容器，框架的排列与布局是版式设计的重要前提。它是版式设计的基础骨架，是版式设计的第一个任务。

在精心搭建版式框架后，版式设计的主要内容（文字和图像）才被置入框架和容器中，再经过调整，完成最终的版式设计作品。

本课知识要点

◆ 创建图形

◆ 调整图形

◆ 复制图形

◆ 图形的对齐和分布

◆ 编组和锁定

◆ 路径查找器

◆ 钢笔工具的使用

◆ 复合路径的编辑

◆ 转换形状和转换点

→加入本书售后服务群，即可获取本课综合案例的素材和完整讲解视频。

第1节 创建图形

在InDesign中，创建图形的工具主要包括矩形工具、椭圆工具、多边形工具、矩形框架工具、椭圆框架工具、多边形框架工具、钢笔工具和直线工具，如图5-1所示。

在InDesign中，矩形工具的快捷键为M，椭圆工具的快捷键为L，矩形框架工具的快捷键为F，椭圆框架工具、多边形框架工具、钢笔工具的快捷键为P，以上工具和直线工具统称为图形工具。这里图形指的是由锚点和路径组成的矢量图形。

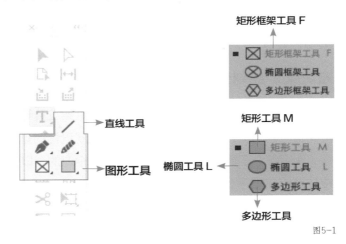

图5-1

知识点1 绘制基础几何图形

使用工具箱中的矩形工具、椭圆工具、多边形工具、矩形框架工具、椭圆框架工具、多边形框架工具、钢笔工具和直线工具，可绘制基础几何图形。选中需要的工具后，按住鼠标左键可拖曳出任意大小的基础几何图形，如图5-2所示。

使用矩形工具、椭圆工具或多边形工具绘制图形时按住Alt键和Shift键，可绘制以鼠标指针落点为中心的正方形、圆形和正多边形，如图5-3所示。

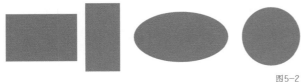

图5-2

图5-3

选择任意图形工具，在工作区域单击将打开对应图形的设置对话框，在对话框中输入所需数据即可进行精确的图形绘制，如图5-4所示。

选中直线工具，按住Shift键可以绘制水平、垂直、45°的线条，如图5-5所示。

在工具箱中，双击"多边形工具"按钮，在弹出的对话框中输入相应的数据即可绘制三角形和星形，如图5-6所示。

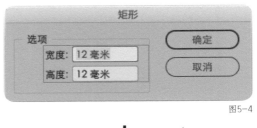

图5-4

图5-5

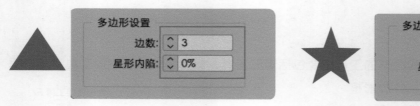
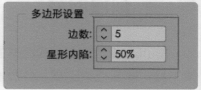

图5-6

知识点 2 绘制分割图形

　　使用矩形工具、矩形框架工具、椭圆框架工具等还可以绘制分割图形，在页面中形成重复带间距分割的版式图形框架，以此作为版式设计的基础框架布局。

　　使用各个工具绘制分割图形的操作是相似的。以使用矩形框架工具为例，绘制矩形框架时按住鼠标左键不松手，拖曳框架，同时按上下方向键可以将框架上下分割，按左右方向键可以将框架左右分割，如图5-7所示。

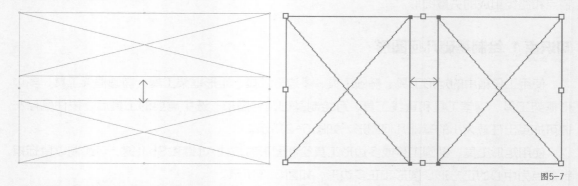

图5-7

　　在绘制分割图形时，同时按Page Up键或Page Down键，可以随时调整图形上、下、左、右之间的间距，如图5-8所示。

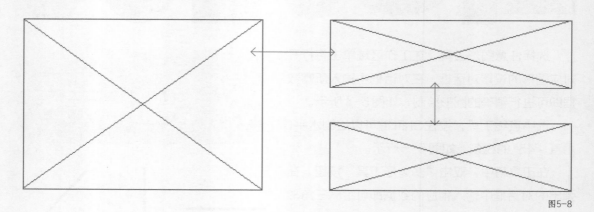

图5-8

知识点 3 图形填色

　　选中图形后，可对图形进行颜色、渐变填充。对图形进行填色的常用操作有3种。选中图形，双击工具箱下方的"填色"按钮，在弹出的"拾色器"对话框中单击选择颜色；或在"颜色"面板中调整颜色的参数；或打开"色板"面板，单击色板中的颜色，都可以对图形进行填色，如图5-9所示。

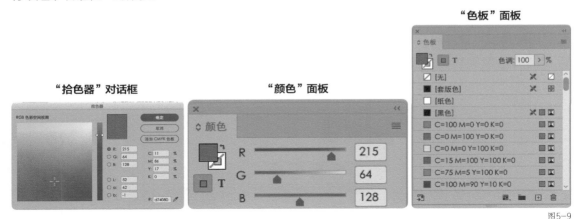

图5-9

第2节 调整图形

选中图形后，运用"变换"面板可对图形进行移动、缩放、旋转、切变和排列等常规操作，使图形变化更加丰富。

知识点 1 变换图形

执行"窗口→对象和版面→变换"命令，在弹出的"变换"面板中可以控制图形的宽和高，参考点定位、图形水平与垂直的位置，图形旋转与切变的角度，缩放图形大小比例。

在"变换"面板中输入对应的宽、高数据即可准确地调整图形的宽度和高度，如图5-10所示。

在"变换"面板中，设置图形框架控点在水平X轴与垂直Y轴的位置数值以精确设定图形的位置，如图5-11所示。

 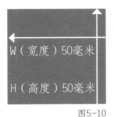  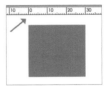

图5-10 　　　　　　　　　　　　　　　　图5-11

在"变换"面板中，可在"缩放百分比"文本框中输入数值对图形进行精准的比例缩放，如图5-12所示。

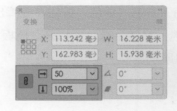

图5-12

在"变换"面板中，可在"旋转角度"和"切换角度"文本框中输入数值对图形进行精准的角度旋转和角度切变，如图5-13所示。

图5-13

知识点 2　翻转图形

执行"窗口→属性"命令，单击"翻转图形"按钮，选中的对象可以按顺时针或逆时针翻转，如图5-14所示。

图5-14

选中对象，按住Alt键，单击"垂直翻转"按钮，可垂直镜像复制图形；选中对象，按住Alt键，单击"水平翻转"按钮，可水平镜像复制图形，如图5-15所示。

图5-15

知识点 3　排列顺序

选中图形，在"属性"面板的下方单击"排列"按钮，或右击鼠标，在弹出的快捷菜单中执行"排列"命令，可以调整该图形与其他图形的上下位置。如选中红色的正方形，在

"属性"面板中单击"排列"按钮，选择"后移一层"，即可将红色正方形移动到黄色正方形的下方，如图5-16所示。

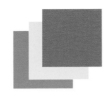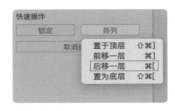

图5-16

> **提示** 选中对象，按快捷键Ctrl+Shift+【可以将对象快速置于底层。按住Ctrl键，多次单击重叠对象，可依次选择一个重叠的对象。

第3节 复制图形

复制是InDesign中的常用命令，用好复制命令可以提升设计的效率。

知识点 1 精确移动图形

选中图形，右击鼠标，在弹出的快捷菜单中执行"变换→移动"命令（快捷键为Ctrl+Shift+M），在弹出的"移动"对话框中输入移动距离（含间距），可控制图形按水平或垂直方向进行精准移动，如图5-17所示。

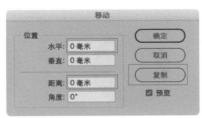

图5-17

知识点 2 原位粘贴图形

选中图形，执行"编辑→原位粘贴"命令，如图5-18所示，即可将图形粘贴至原图形的上方。原位粘贴可以将当前页面的图形复制粘贴至另一页面的相同位置，也可以用于印刷专色版的制作。

图5-18

知识点 3 贴入内部

选中图形/图像，执行"编辑→贴入内部"命令（快捷键为Ctrl+Alt+V），可以在其内部贴入图形，制作出类似Photoshop中剪切蒙版的效果，如图5-19所示。

图5-19

> **提示** 选中图形，按住Alt键拖曳图形可以复制图形，如图5-20所示。

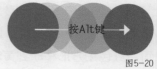

图5-20

第4节 图形的对齐和分布

在InDesign中，使用对齐和分布功能可以快速地将多个图形按照一定的规律进行排列，便于打造整齐、有序的视觉效果。

知识点1 对象对齐

选中要对齐的图形/图像（两个及以上），执行"窗口→对象和版面→对齐"命令（快捷键为Shift+F7），打开"对齐"面板，如图5-21所示。在"对齐"面板中单击对齐方式按钮，即可按照需要的方式，对齐文档中选中的图形/图像（两个及以上）。对象对齐的方式一共有6种，在"对齐对象"设置区中6个按钮按照水平方向和垂直方向分为两组，水平方向的3种对齐效果如图5-22所示，垂直方向的3种对齐效果如图5-23所示。

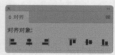

图5-21

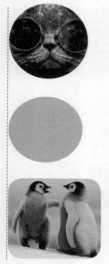

框选3个图形/图像
执行左对齐命令

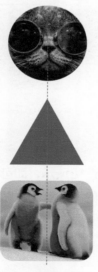

框选3个图形/图像
执行水平居中命令

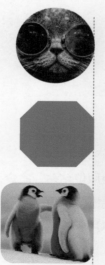

框选3个图形/图像
执行右对齐命令

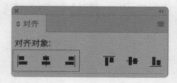

图5-22

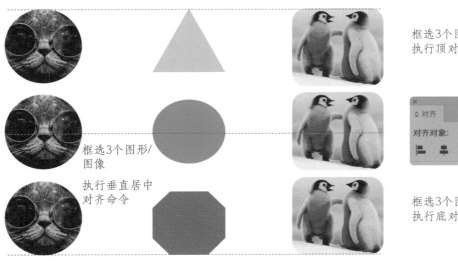

框选3个图形/图像
执行顶对齐命令

框选3个图形/
图像

执行垂直居中
对齐命令

框选3个图形/图像
执行底对齐命令

图5-23

知识点2 分布对象

除了对齐对象外，在"对齐"面板中还可以设置对象的分布方式。打开"对齐"面板，在"对齐"面板中单击分布方式按钮，即可按照需要的方式，设置文档中选中的对象（两个及以上）的分布方式。对象分布的方式一共有6种，在"分布对象"设置区中6个按钮按照水平方向和垂直方向分为两组，水平方向的3种分布效果如图5-24所示，垂直方向的3种分布效果如图5-25所示。

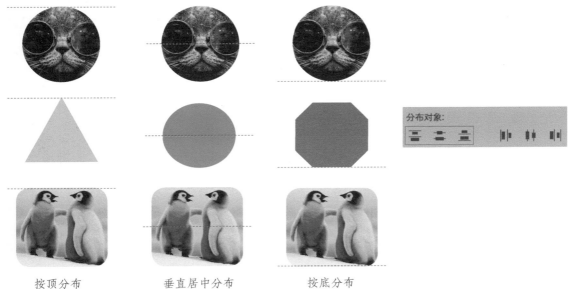

按顶分布　　　　　垂直居中分布　　　　　按底分布

图5-24

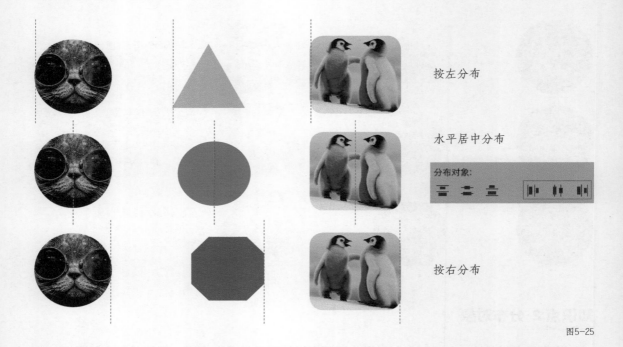

按左分布

水平居中分布

按右分布

图5-25

知识点 3 分布间距

在"对齐"面板中可以设置对象的分布间距。下面以对齐关键对象为基准设置间距为例讲解具体操作的方法。打开"对齐"面板，选择"对齐关键对象"选项，选中对象并单击，将该对象设定为关键对象。选中多个对象，执行分布间距，输入间距数值，最后单击所需的对齐按钮即可实现对象以关键对象为基准设置间距。左右两张图像以中间的三角形为基准设置间距为6毫米的效果如图5-26所示。

图5-26

知识点 4 对齐页面、边距和跨页

如果需要设置对象与页面边缘的对齐方式，打开"对齐"面板，选择"对齐页面"选项，选中对象，单击对应的对齐按钮即可，效果如图5-27所示。

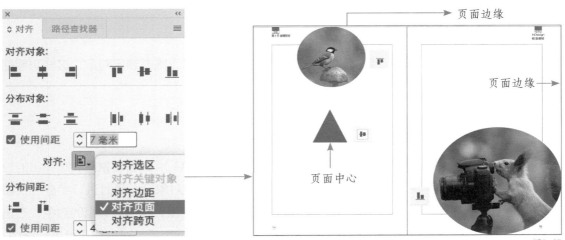

图5-27

如果需要设置对象与版心边缘的对齐方式，打开"对齐"面板，选择"对齐边距"选项，选中对象，单击对应的对齐按钮即可，效果如图5-28所示。

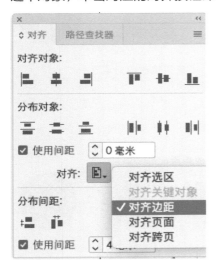

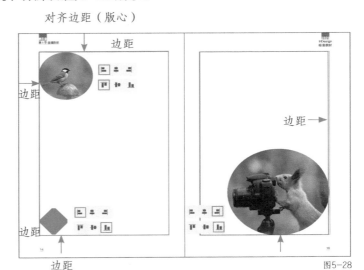

图5-28

如果需要设置对象与跨页边缘的对齐方式，打开"对齐"面板，选择"对齐跨页"选项，选中对象，单击对应的对齐按钮即可，效果如图5-29所示。

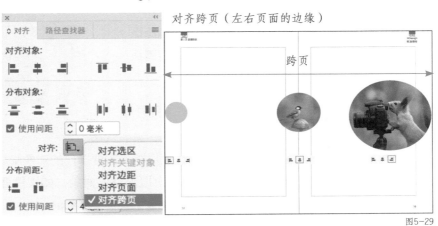

图5-29

第5节 编组和锁定

在InDesign中可以按设计需求将多个对象自由编组，也可以临时锁定对象，这些功能都能很好地辅助设计，减少工作失误，提升效率。

知识点 1 编组与取消编组

框选多个对象，执行"对象→编组"命令（快捷键为Ctrl+G），或右击鼠标，在弹出的快捷菜单中执行"编组"命令，可以将多个对象编组。编组后的对象可以同时进行缩放、位移等常规操作，便于整体调整，如图5-30所示。如果需要取消编组，选中已编组的对象，右击鼠标，在弹出的快捷菜单中执行"取消编组"命令即可。取消编组后，对象能直接进行选中、移动等操作，如图5-31所示。

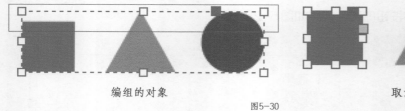

编组的对象

图5-30

取消编组的对象

图5-31

知识点 2 锁定与解锁

选中对象，执行"对象→锁定"命令（快捷键为Ctrl+L），可以锁定该对象，锁定后将无法对该对象进行任何操作，如图5-32所示。文档中对象较多时，可以锁定不需要参与操作的对象，避免误操作，如锁定背景图像后可以便于对背景图像上方的对象进行编辑。如果需要取消锁定的单个对象，在"图层"面板中找到该对象对应的图层并单击该图层前面的锁定图标即可；如果需要取消锁定跨页上的所有对象，按快捷键Ctrl+Alt+L即可。

被锁定的图形

被锁定的图像

图5-32

知识点 3 隐藏与显示

想要减少误操作，除了锁定对象外，也可以将不需要操作的对象隐藏起来。选中对象，执行"对象→隐藏"命令（快捷键为Ctrl+3）可以隐藏该对象。如果需要恢复跨页上对象的显示，执行"对象→显示跨页上的所有内容"命令（快捷键为Ctrl+Alt+3）即可。

第6节 路径查找器

执行"窗口→对象和版面→路径查找器"命令可以打开"路径查找器"面板，选中两个及以上图形，在该面板中单击对应的按钮，即可实现图形之间的相加、减去、交叉、排除重叠和减去后方对象的效果，如图5-33所示。

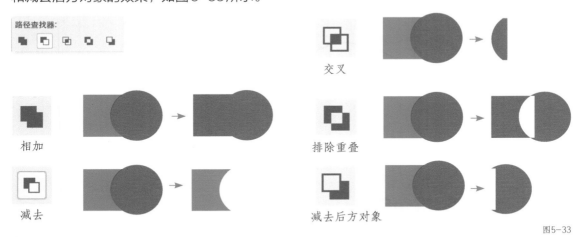

图5-33

第7节 钢笔工具的使用

钢笔工具是大部分设计软件中不可或缺的实用工具。在InDesign中钢笔工具组包含钢笔工具、添加锚点工具、删除锚点工具和转换方向点工具，如图5-34所示。

图5-34

知识点1 路径与锚点

路径由锚点组成，锚点分为直线点和曲线点。选择钢笔工具，单击确定起始锚点，再次单击确定下一个锚点，两个锚点就形成了一条直线，如图5-35所示。按住Shift键创建锚点，可以绘制90°、45°的直线，如图5-36所示。

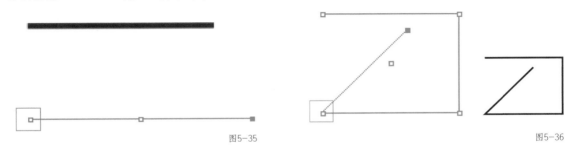

图5-35   图5-36

知识点 2　曲线点与曲柄

　　选中钢笔工具，单击后按住鼠标左键不松手，可以拖曳出曲线点。曲线点位于左右方向曲柄的端点，按住 Alt 键，拖曳曲线点可以调整曲线弧度，控制曲线方向，如图5-37所示。

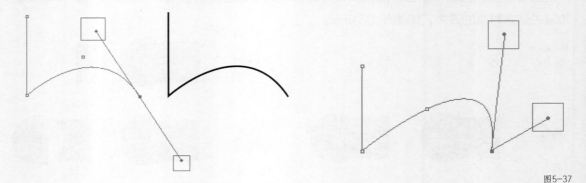

图5-37

第8节　复合路径的编辑

　　复合路径由两个或多个相互交叉、相互截断的简单路径组成。选中两个及以上图形，执行"对象→路径→建立复合路径"命令（快捷键为Ctrl+8）可以创建复合路径，执行"对象→路径→释放复合路径"命令（快捷键为Ctrl+Alt+Shift+8）可以释放复合路径，如图5-38所示。

原始效果　　　建立复合路径效果　释放复合路径效果

图5-38

第9节　转换形状和转换点

　　在"路径查找器"面板的"路径"设置区中，可以进行连接两个路径的端点、将封闭的路径开放、将开放的路径封闭、更改路径方向等操作，如图5-39所示。

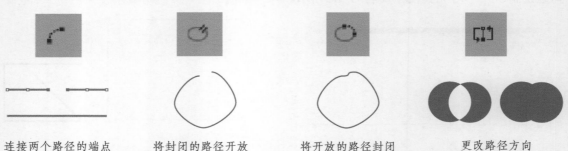

连接两个路径的端点　　　将封闭的路径开放　　　将开放的路径封闭　　　　更改路径方向

图5-39

　　在"路径查找器"面板的"转换形状"设置区中，可以将用钢笔绘制的图形转换为矩形、圆角矩形、三角形等基础图形，如图5-40所示。在"路径查找器"面板的"转换点"设置区中，可以更改路径锚点的属性，如选中直线点，单击"平滑"按钮即可将直线点转换为曲线点，如图5-41所示。

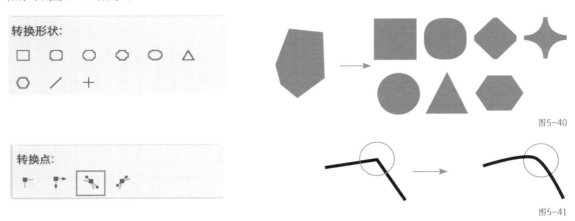

图5-40

图5-41

综合案例 绘制版式框架

下面通过一个绘制版式框架的案例讲解本课工具和功能的综合运用。案例的具体要求为使用图5-42所示的图像素材，利用矩形框架工具，绘制出图5-43所示的版式效果。

图5-42

图5-43

■ 步骤1

建立尺寸为297毫米X210毫米的打印文档，出血设置为3毫米，上边距设置为15毫米，下边距设置为30毫米，左边距设置为15毫米，右边距设置为15毫米，如图5-44所示。

■ 步骤2

选中矩形框架工具，绘制版式框架，将矩形的描边设置为0.5点，设置完成后效果如图5-45所示。

分割图形的形式主要有对称分割与不对称分割（均衡分割）两种。常用的对称分割主要有左右分割、上下分割、等分分割等，其优点是版式效果整齐规范，其缺点是呆板无变化。不对称分割是在对称分割基础上将图像的大小和位置进行灵活变化，可以突出主视觉图像。在不对称分割中，图像无论分割为多少块，总是要统一在完整的大图像框架之中。不对称分割的版式效果既严谨规整又有局部的丰富变化。

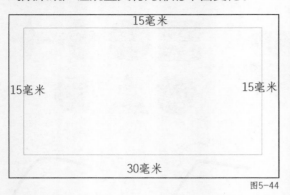

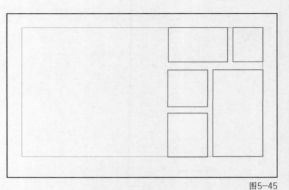

图5-44

图5-45

为增加版式的活力，本案例采用了5个不等分矩形的不对称分割形式。

■ 步骤3

选中所有矩形框架，在"对齐"面板中选择"对齐关键对象"选项，设置间距为2毫米；框选所有矩形框架，右击鼠标，在弹出的快捷菜单中执行"编组"命令；选中编组对象，在"对齐"面板中选择"对齐边距"选项，再单击"右对齐"按钮，完成版式框架的设置，如图5-46所示。

■ 步骤4

将图像素材置入相应的框架，调整图像在版式框架中的大小，最终完成的版式效果如图5-47所示。

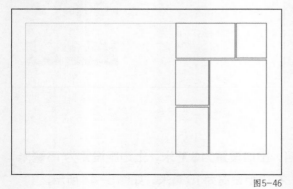

图5-46

图5-47

本课练习题

操作题

使用本课提供的素材完成图5-48所示的4P（4页）画册版式效果。

尺寸： 285毫米×420毫米（4P）竖版

颜色模式： CMYK

分辨率： 300像素/英寸（ppi）

图5-48

操作题要点提示

1. 创建4页的对页文件，出血设置为3毫米，设置合适的边距与分栏尺寸。
2. 使用矩形框架工具绘制分割框架，注意框架大小及间距的设置。
3. 置入图像，调整图像的位置和大小，使版式设计大小疏密有致，留白适当。

第 **6** 课

色板和渐变

在InDesign中，对对象进行颜色填充和渐变颜色填充主要在"色板"面板和"渐变"面板中实现。色板的颜色模式包括常用的RGB及CMYK。

在InDesign中，用户可以为图像制作透明渐变的蒙版效果，以丰富图像的表现形式。

本课知识要点

◆ "颜色"面板的类型

◆ 色板的使用

◆ 吸管工具的使用

◆ 渐变工具的使用

◆ 渐变羽化工具的使用

第1节 "颜色"面板的类型

在InDesign中常用于设置颜色的面板有"渐变"面板、"色板"面板和"颜色"面板，执行"窗口→颜色→渐变（色板/颜色）"命令即可打开对应的面板。这3个面板主要用来对对象填充颜色。

除了"颜色"面板外，与颜色相关的功能还有渐变色板工具和渐变羽化工具，它们都位于工具箱，如图6-1所示。

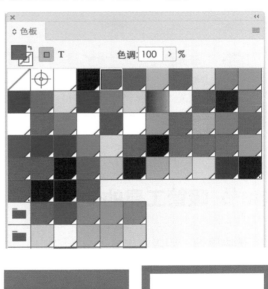

图6-1

第2节 色板的使用

选中图形，在"色板"面板中单击任一色板即可为图形填充颜色。单击"色板"面板右上方的菜单按钮，在弹出的菜单中选择"大缩览图"，可以隐藏色板名称。单击工具箱中的描边图标，然后单击"色板"面板中的任一色板即可对描边进行填色，如图6-2所示。

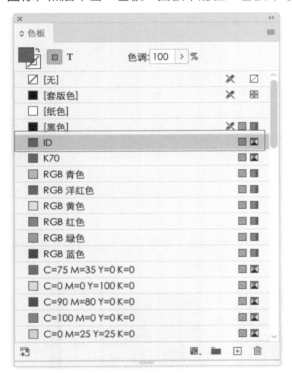

图6-2

双击工具箱中的填色和描边图标，在弹出的"拾色器"面板中可单击选择颜色进行填色，或按快捷键F6打开"颜色"面板，单击颜色条上的颜色进行色彩填充，如图6-3所示。

双击"色板"面板中的颜色图标，在弹出的"色板选项"对话框中可以根据作品的用途选择颜色类型，还可以选择颜色模式（CMYK模式常用于印刷，RGB模式常用于电子屏幕），如图6-4所示。在"色板"面板中选中某个颜色的色板后，单击面板下方的垃圾桶图标，在弹出的"删除色板"对话框中单击"确定"按钮，即可删除选中的色板，如图6-5所示。

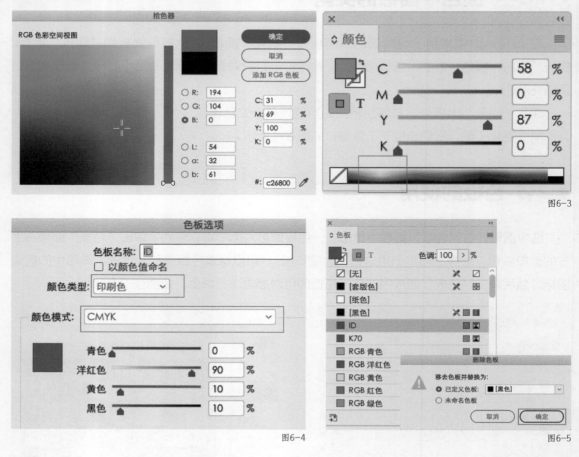

图6-3

图6-4

图6-5

第3节　吸管工具的使用

选中图像，用吸管工具（快捷键为I）单击图像可吸取图像上单击点处的颜色用于填充和描边，按Alt键可以多次吸取图像上的任意颜色，如图6-6所示。

图6-6

选择工具箱中的颜色主题工具（快捷键为Shift+I），在图像上单击可以吸取图像上的颜色，得到图像中的颜色组，单击选择颜色组可将该组颜色批量添加到色板中，如图6-7所示。

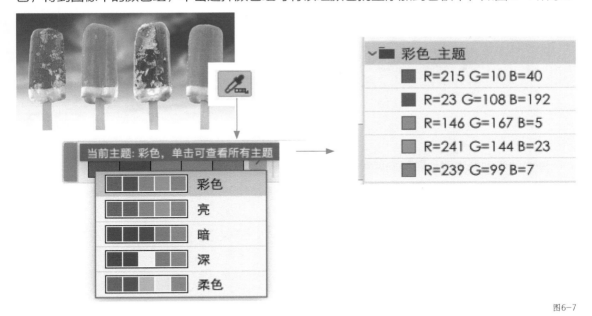

图6-7

第4节 渐变工具的使用

双击工具箱中的渐变工具按钮，打开"渐变"面板，单击选择渐变条上的色标，按住Alt键再吸取色板中的颜色可以改变该色标的颜色，如图6-8所示。在渐变色条上单击可以添加新色标，拖曳色标左右移动可以调节渐变的位置，按住色标往下拖曳可以删除色标。

图6-8

打开"渐变"面板，在渐变条上单击创建新色标，选中新色标，再选择吸管工具吸取图像中的颜色，可以将该色标的颜色更改为吸取的颜色，如图6-9所示。

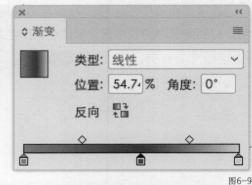

图6-9

渐变的类型分为线性和径向两种，如图6-10所示。

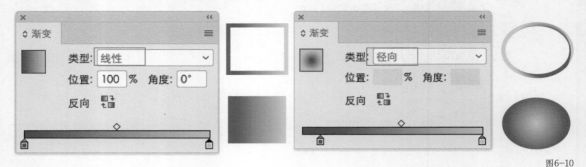

图6-10

第5节　渐变羽化工具的使用

选中图形，双击工具箱中的渐变羽化工具按钮，打开"效果"对话框，单击选择渐变条上的黑白色标，拖曳色标可为图形边缘添加羽化效果，如图6-11所示。

图6-11

使用渐变羽化工具可以制作出方向羽化的图像效果。选中图像，选择渐变羽化工具，按住Shift键再拖曳渐变线，可以拉出水平的渐变线，实现左右方向的透明渐变羽化效果，如图6-12所示。

图6-12

第 **7** 课

"效果"面板的应用

在InDesign中，"效果"面板中的主要功能沿袭了Photoshop中的投影、内发光、外发光、浮雕等图层样式功能。这些功能可以针对图像和框架进行效果调整，从而丰富图像的表现形式。

本课知识要点

◆ 混合模式

◆ 投影、内阴影、外发光、内发光、斜面和浮雕效果

◆ 基本羽化与定向羽化

第1节 混合模式

执行"窗口→效果"命令（快捷键为Ctrl+Shift+F10），可以打开"效果"面板。在"效果"面板中会显示图像的混合模式，图像的默认混合模式为"正常"，如图7-1所示。

图7-1

选中图像，在"效果"面板中修改混合模式为"正片叠底"或"亮度"，可以使图像产生与框架色彩混合的效果，其中"正片叠底"可以透叠图像框架的底色，"亮度"可使图像与框架色彩统一色相，两种设置的显示效果如图7-2所示。

图7-2

第2节 投影、内阴影、外发光、内发光、斜面和浮雕效果

在InDesign中，常用的效果有投影、内阴影、外发光、内发光等。下面将对这些常用的效果进行详细讲解。

选中图像或图形，右击鼠标，在弹出的快捷菜单中执行"效果→投影"命令可以为选中的图像或图形设置阴影效果。在弹出的"效果"对话框中可以设置投影的不透明度、投影距离、角度等，如图7-3所示。

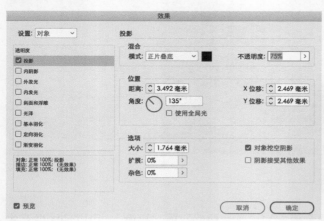

图7-3

选中图像或图形，右击鼠标，在弹出的快捷菜单中执行"效果→内阴影"命令可以为选中的图像或图形设置内阴影效果。在弹出的"效果"对话框中可以设置内阴影的不透明度、投影距离、角度等，如图7-4所示。

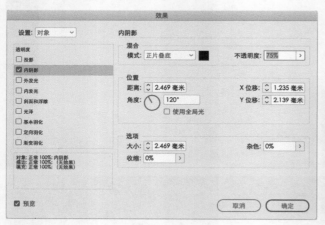

图7-4

选中图像或图形，右击鼠标，在弹出的快捷菜单中执行"效果→外发光"命令可以为选中的图像或图形设置外发光效果。在弹出的"效果"对话框中可以设置外发光的不透明度、混合模式、大小等，如图7-5所示。

图7-5

选中图像或图形，右击鼠标，在弹出的快捷菜单中执行"效果→内发光"命令可以为选中的图像或图形设置内发光效果。在弹出的"效果"对话框中可以设置内发光的不透明度、大小、杂色等，如图7-6所示。

图7-6

选中图像或图形，右击鼠标，在弹出的快捷菜单中执行"效果→斜面和浮雕"命令可以为选中的图像或图形设置斜面和浮雕效果。在弹出的"效果"对话框中可以设置斜面和浮雕的样式、方向、深度等，如图7-7所示。

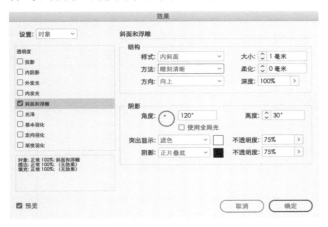

图7-7

第3节 基本羽化与定向羽化

基本羽化就是对对象的四周均进行羽化。选中图像或图形，右击鼠标，在弹出的快捷菜单中执行"效果→基本羽化"命令可以为选中的图像或图形设置基本羽化效果。在弹出的"效果"对话框中可以设置基本羽化的宽度、收缩等，如图7-8所示。

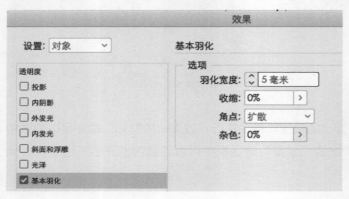 

图7-8

定向羽化与基本羽化的区别就是，定向羽化可以锁定羽化的方向。选中图像或图形，右击鼠标，在弹出的快捷菜单中执行"效果→定向羽化"命令可以为选中的图像或图形设置定向羽化效果。在弹出的"效果"对话框中可以设置定向羽化的宽度、杂色等，如图7-9所示。

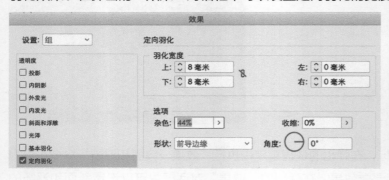 

图7-9

第 **8** 课

文本的操作技巧

在 InDesign 中，文本的操作及编辑非常重要。从创建文本到置入文本，从文本的基本字符格式到基本段落格式，从字体样式到字号、字间距、行间距等，这些都需要进行细致的编辑和调整。

版式设计中一般会涉及大量文字内容的排版，这就需要设置标准的样式来统一调整文字内容。本课将重点讲解段落样式、字符样式在版式设计中的综合应用，以及版式设计中字体设计的综合应用。

本课知识要点

◆ 创建文本

◆ 字符的设置

◆ 段落的设置

◆ 段落样式与字符样式

◆ 文本框架的分类

◆ 特殊字符

◆ 复合字体

◆ 查找与更改

◆ 分栏和文本绕排

第1节　创建文本

选择工具箱中的文本工具（快捷键为T），在页面中拖曳出文本框架，在框架中输入文本内容即可创建框架文本，如图8-1所示。

执行"文件→置入"命令，或按快捷键Ctrl+D，在弹出的"置入"对话框中选择置入的Word或txt格式的文本文档，勾选"显示导入选项"的复选框，在弹出的"文本导入选项"对话框中不勾选任何复选框，单击"确定"按钮即可置入文档，如图8-2所示。

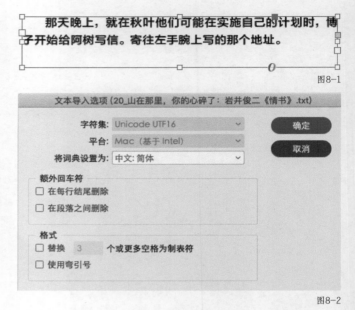

图8-1

图8-2

知识点 1　段落文本

置入Word文档时，在页面中按住Shift键可以一次性自动置入文档全部的内容，页面会随着文字量自动增加页数，如图8-3所示。文档置入功能适用于小说、期刊等以文字内容为主的版式设计。

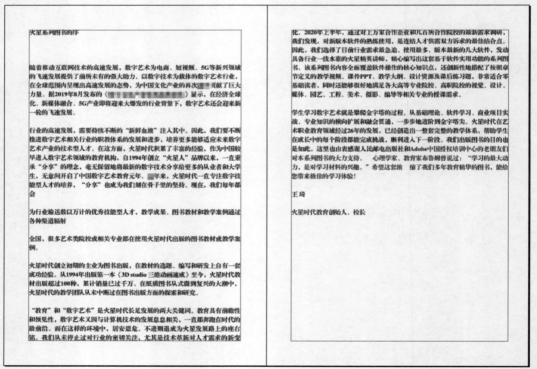

图8-3

　　置入Word文档时，按住Alt键拖曳绘制文本框可以半自动置入Word文档的内容，使文档根据需要进行排布。在页面中拖曳的文本框，其左上角为文本的入口，右下角为文本的出口，如图8-4所示。

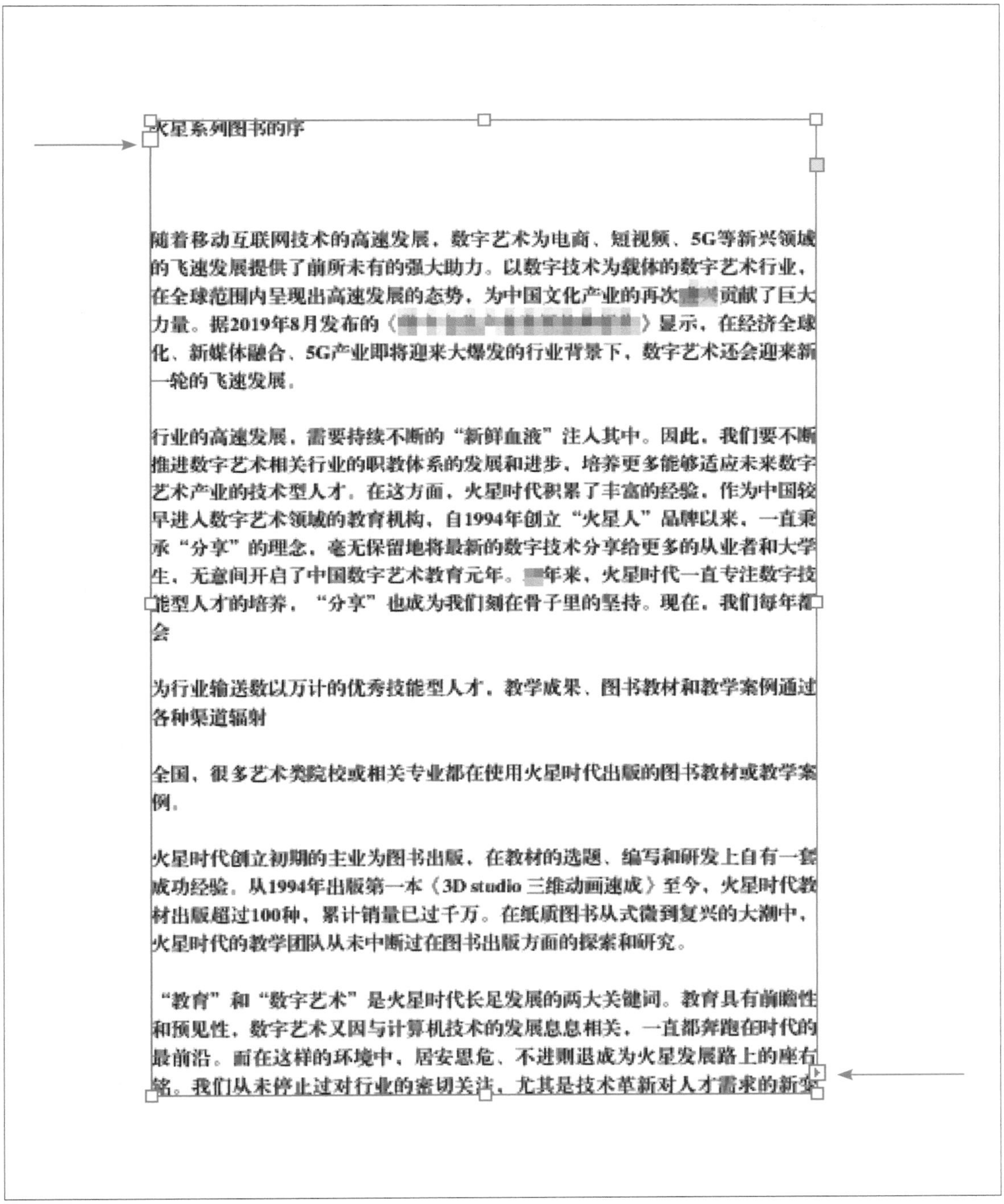

火星系列图书的序

随着移动互联网技术的高速发展，数字艺术为电商、短视频、5G等新兴领域的飞速发展提供了前所未有的强大助力。以数字技术为载体的数字艺术行业，在全球范围内呈现出高速发展的态势，为中国文化产业的再次 ■■ 贡献了巨大力量。据2019年8月发布的《■■■■■■■■■■■■》显示，在经济全球化、新媒体融合、5G产业即将迎来大爆发的行业背景下，数字艺术还会迎来新一轮的飞速发展。

行业的高速发展，需要持续不断的"新鲜血液"注入其中。因此，我们要不断推进数字艺术相关行业的职教体系的发展和进步，培养更多能够适应未来数字艺术产业的技术型人才。在这方面，火星时代积累了丰富的经验。作为中国较早进入数字艺术领域的教育机构，自1994年创立"火星人"品牌以来，一直秉承"分享"的理念，毫无保留地将最新的数字技术分享给更多的从业者和大学生，无意间开启了中国数字艺术教育元年。■年来，火星时代一直专注数字技能型人才的培养，"分享"也成为我们刻在骨子里的坚持。现在，我们每年都会

为行业输送数以万计的优秀技能型人才。教学成果、图书教材和教学案例通过各种渠道辐射

全国，很多艺术类院校或相关专业都在使用火星时代出版的图书教材或教学案例。

火星时代创立初期的主业为图书出版，在教材的选题、编写和研发上自有一套成功经验。从1994年出版第一本《3D studio 三维动画速成》至今，火星时代教材出版超过100种，累计销量已过千万。在纸质图书从式微到复兴的大潮中，火星时代的教学团队从未中断过在图书出版方面的探索和研究。

"教育"和"数字艺术"是火星时代长足发展的两大关键词。教育具有前瞻性和预见性，数字艺术又因与计算机技术的发展息息相关，一直都奔跑在时代的最前沿。而在这样的环境中，居安思危、不进则退成为火星发展路上的座右铭。我们从未停止过对行业的密切关注，尤其是技术革新对人才需求的新变

图8-4

文本框的大小和宽窄控制着显示文字的多少，当文本内容未占满自身的文本框架时，可以双击文本框架的底端或右下端控点，使得文本框架与所排文字内容的大小相吻合，如图8-5所示。

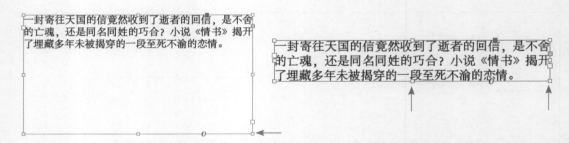

图8-5

文本框的出口处如果出现红色十字框的提示，那就说明出现溢流文本，出现这种情况需要单击红色十字框处，然后拖曳出新的接续文本框架，这样原本溢流的文本框就能恢复正常状态，如图8-6所示。

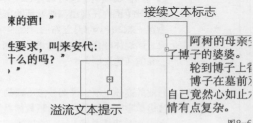

图8-6

知识点 2　路径文本

使用图形工具或钢笔工具绘制路径后，选中路径文字工具（快捷键为Shift+T），在路径上单击，然后输入文字或粘贴文字即可得到路径文本，如图8-7所示。封闭路径或开放路径均可制作路径文本。

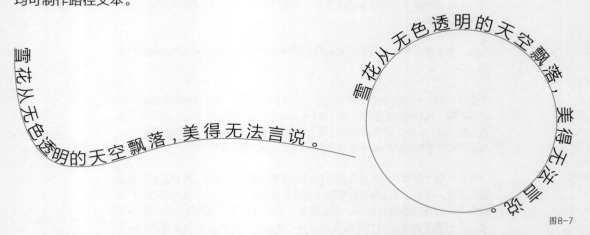

图8-7

选中路径上的文字，右击鼠标，在弹出的快捷菜单中执行"排版方向→垂直"命令可以得到垂直效果的路径文本，如图8-8所示。

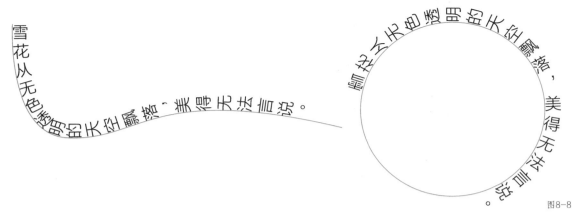

图8-8

使用直接选择工具，鼠标指针移动至路径文本处，出现图标↑时，拖曳文本到封闭路径内部的位置，可以得到相反方向的路径文本，如图8-9所示。

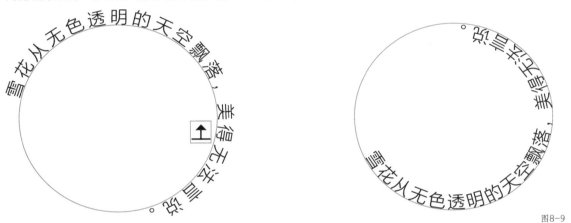

图8-9

使用直接选择工具，鼠标指针移动至路径文本处，出现图标↑时，拖曳开放路径上的文本到路径的另一侧，可以得到相反方向的路径文本，如图8-10所示。

图8-10

使用图形工具绘制封闭的路径，再选中文字工具，鼠标指针在路径内变为⒤时，可以在路径的内部输入或粘贴文本，这就是路径内排文。路径内的文字效果如图8-11所示。

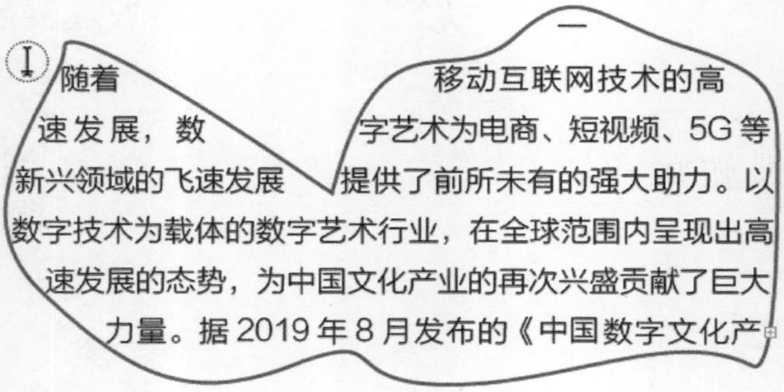

图8-11

知识点3 串接文本

执行"视图→其他→显示串接文本"命令（快捷键为Ctrl+Alt+Y），可以看到文本框架之间的链接关系。这种有前后关联的文本为串接文本，文本的出口及入口出现蓝色线条提示，串接的文本不受页面或文本框架前后顺序的约束，如图8-12所示。注意，排版工作完成后文本框架不能存在溢流状态。

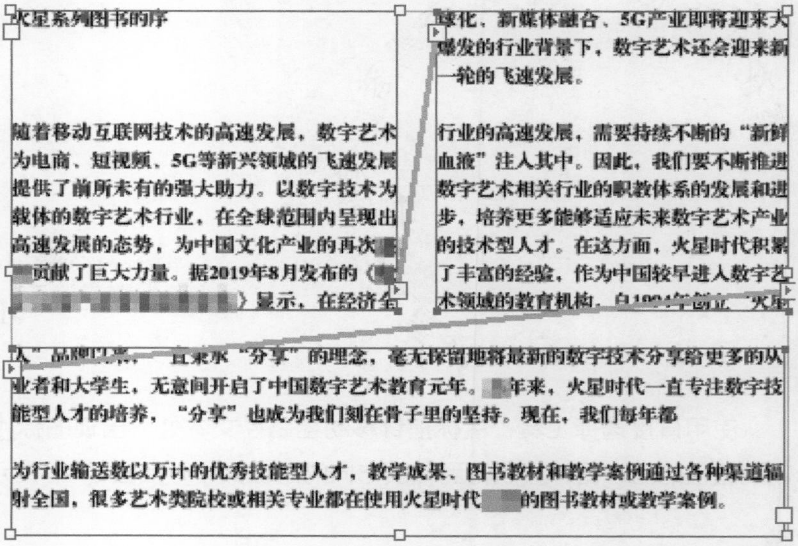

图8-12

第2节 字符的设置

执行"文字→字符"命令（快捷键为Ctrl+T）可以打开"字符"面板，在"字符"面板中可以设置字体最基本的格式，其中字体样式、字体大小、字符间距等都是重要和必备的设置。另外，在"字符"面板右上方的隐藏菜单选项中也有很多常用的设置，如下划线、删除线、直排内横排等，如图8-13所示。

知识点1 字体样式

字体样式，即在设计中对字体的选择。字体样式千变万化，通常以字库进行划分，常用的字库有方正、汉仪、文鼎等。在"字符"面板中可以设置字体样式，如图8-14所示。

常用的字体样式又分为有衬线字体、无衬线字体、书写字体、图形设计字体这4种类型。在字库中有衬线字体、无衬线字体包含的样式最多，其中常用的宋体属于有衬线字体，黑体属于无衬线字体，如图8-15所示。

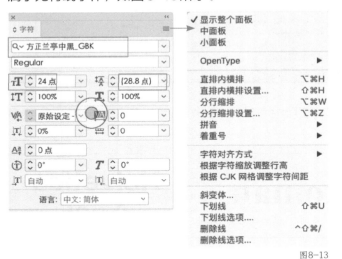

图8-13

图8-14

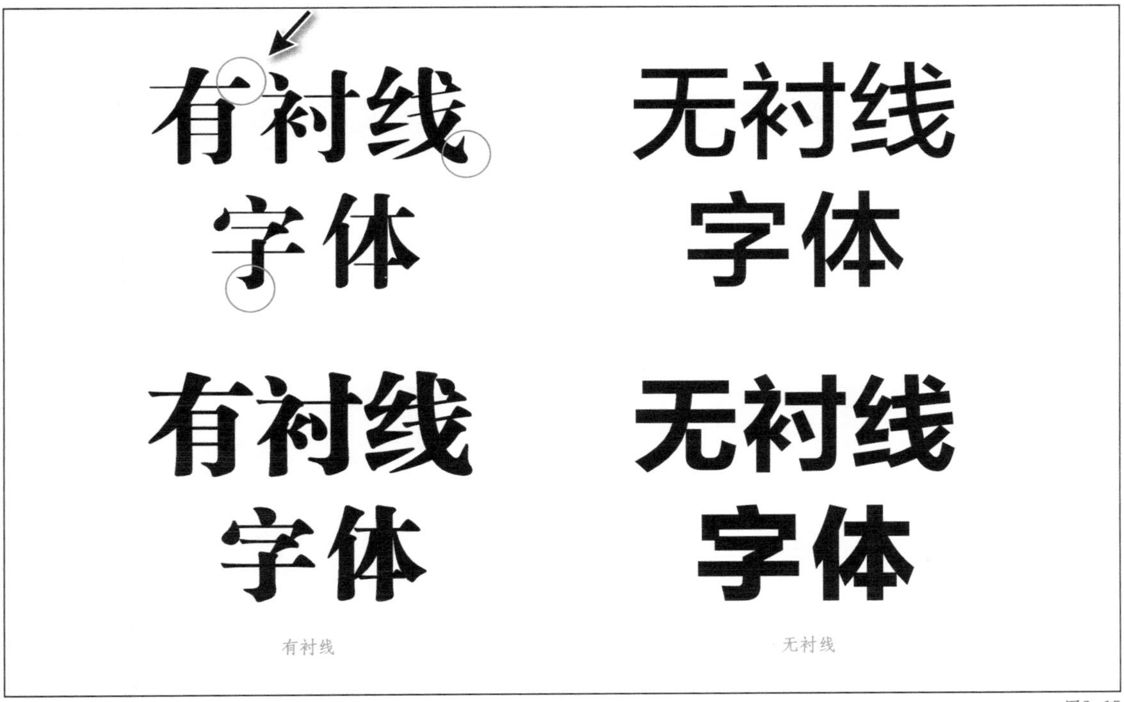

有衬线字体

无衬线字体

有衬线字体

无衬线字体

有衬线

无衬线

图8-15

在字体样式中，无衬线字体具有视觉冲击力强、识别性强等特点，多运用在标题、突出现代风格的设计作品中；有衬线字体来源于古老的印刷字体，多运用在画册、书籍正文、内容文字等方面，如图8-16所示。

图8-16

　　在英文字库中，常用的有衬线字体有Times New Roman等，常用的无衬线字体有Arial、Helvetica 等，如图8-17所示。

Times New Roman

Helvetica
Arial

图8-17

　　在字体设计中，根据主题内容的需要，手写字体也被广泛运用，其中毛笔书法字体是最具代表性的手写字体，其他手写字如钢笔、涂鸦文字等同样属于手写字体，如图8-18所示。

图8-18

　　在字体设计中，常见的设计手法还有打破字体的常规样式，利用图像、几何图形、绘制路径等手段重新组合字体的造型，这类字体一般被称为图形设计字体，如图8-19所示。

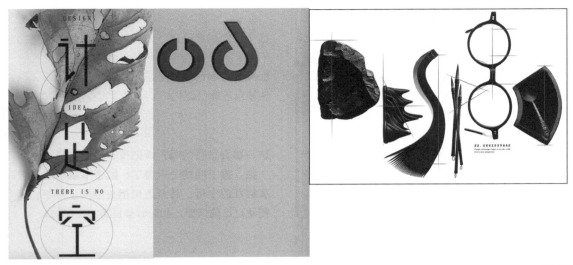

图8-19

知识点 2 字号大小

在"字符"面板或控制面板中可以设置字号的大小，如图8-20所示。

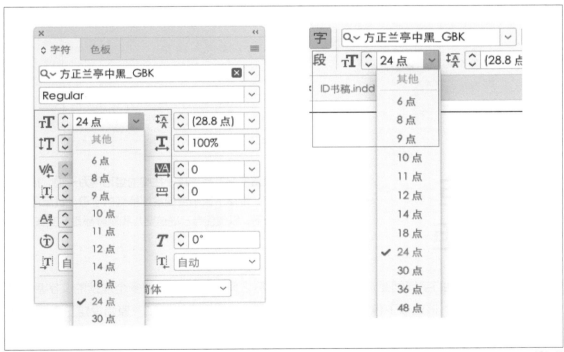

图8-20

同样的字号选择不同样式的字体，出于视觉误差，呈现的视觉效果可能截然不同。字号为10点的情况下，字体为方正兰亭黑_GBK、方正报宋简体、方正兰亭大黑、方正中雅宋简时的效果如图8-21所示。一般较粗的字体更适合用于标题的设计，宋体系列的字体多应用于大量的正文内容。

这一切会是真的吗？她把孩子往胸前猛地用力一抱，孩子哇的一声哭了；她垂下眼睛注视着那鲜红的字母，甚至还用指头触摸了一下，以便使自己确信婴儿和耻辱都是实实在在的。

这一切会是真的吗？她把孩子往胸前猛地用力一抱，孩子哇的一声哭了；她垂下眼睛注视着那鲜红的字母，甚至还用指头触摸了一下，以便使自己确信婴儿和耻辱都是实实在在的。

这一切会是真的吗？她把孩子往胸前猛地用力一抱，孩子哇的一声哭了；她垂下眼睛注视着那鲜红的字母，甚至还用指头触摸了一下，以便使自己确信婴儿和耻辱都是实实在在的。

这一切会是真的吗？她把孩子往胸前猛地用力一抱，孩子哇的一声哭了；她垂下眼睛注视着那鲜红的字母，甚至还用指头触摸了一下，以便使自己确信婴儿和耻辱都是实实在在的。

图8-21

知识点3　字间距

　　"字符"面板中的字符间距选项可以设置每个字符之间的距离，如图8-22所示。用鼠标指针选择文字的同时按住Alt键，单击左右方向键也可以设置字符间距。

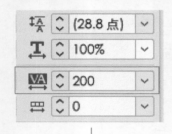

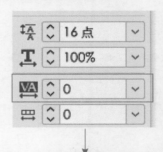

这一切会是真的吗？她把孩子往胸前猛地用力一抱，孩子哇的一声哭了；她垂下眼睛注视着那鲜红的字母，甚至还用指头触摸了一下，以便使自己确信婴儿和耻辱都是实实在在的。

图8-22

　　"字符"面板中的字偶间距选项可调整两个字符之间的距离。选取多个连续的文字后，可进行字距微调设置。该选项下包括"视觉""原始设定-仅罗马字"和"原始设定"3个选项。"视觉"是基于文字的形状进行最适当的字距微调；"原始设定-仅罗马字"是中文字符以等距的方式编排；"原始设定"在具有中文字距微调时的作用最佳，但是只在使用OpenType的字体信息时有效。3种设置效果如图8-23所示。另外，将光标放在两字符之间，可以应用上述3个选项下方的参数选项对字距进行调整。

这一切会是真的吗？她把孩子往胸前猛地用力一抱，孩子哇的一声哭了；她垂下眼睛注视着那鲜红的字母，甚至还用指头触摸了一下，以便使自己确信婴儿和耻辱都是实实在在的。

默认行间距为自动

这一切会是真的吗？她把孩子往胸前猛地用力一抱，孩子哇的一声哭了；她垂下眼睛注视着那鲜红的字母，甚至还用指头触摸了一下，以便使自己确信婴儿和耻辱都是实实在在的。

设置行间距为16点

图8-23

> **提示** "比例间距"更适用于中文字符间距的调整，"字偶间距"更适用于西文字母间距的调整。

"字符"面板中的基线偏移用于字符的上下位置微调，倾斜（伪斜体）选项可调整字符的倾斜角度，字符旋转可以将字符进行角度的旋转，效果如图8-24所示。

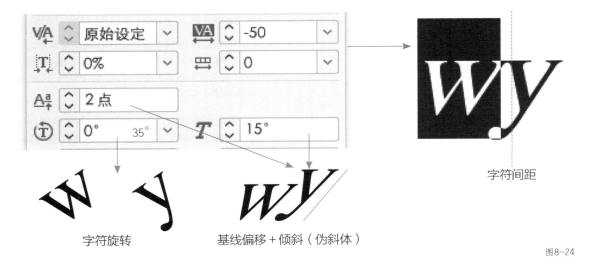

字符间距

字符旋转

基线偏移 + 倾斜（伪斜体）

图8-24

知识点 4 行间距

"字符"面板中的行距选项可以通过选择或输入参数来设置行间距，如图8-25所示。一般情况下，行间距应设置为字符大小的1.5倍左右。

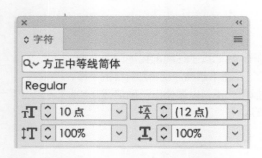

这一切会是真的吗？她把孩子往胸前猛地用力一抱，孩子哇的一声哭了；她垂下眼睛注视着那鲜红的字母，甚至还用指头触摸了一下，以便使自己确信婴儿和耻辱都是实实在在的。

默认行间距为"自动"（此案例中"自动"行间距为12点）

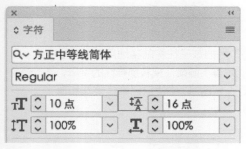

这一切会是真的吗？她把孩子往胸前猛地用力一抱，孩子哇的一声哭了；她垂下眼睛注视着那鲜红的字母，甚至还用指头触摸了一下，以便使自己确信婴儿和耻辱都是实实在在的。

设置行间距为16点

图8-25

第3节　段落的设置

执行"文字→段落"命令（快捷键为Ctrl+Alt+T），可以打开"段落"面板。在"段落"面板中可以设置段落文字的对齐方式，常用的对齐方式有左对齐、居中对齐、双齐末行齐左等，如图8-26所示。该面板中的避头尾设置、中文排版集设置等都是文字段落排版中的常用设置。

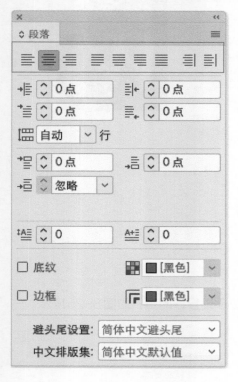

左对齐
这一切会是真的吗？她把孩子往胸前猛地用力一抱，孩子哇的一声哭了；她垂下眼睛注视着那鲜红的字母，甚至还用指头触摸了一下，以便使自己确信婴儿和耻辱都是实实在在的。

居中对齐
这一切会是真的吗？她把孩子往胸前猛地用力一抱，孩子哇的一声哭了；她垂下眼睛注视着那鲜红的字母，甚至还用指头触摸了一下，以便使自己确信婴儿和耻辱都是实实在在的。

右对齐
这一切会是真的吗？她把孩子往胸前猛地用力一抱，孩子哇的一声哭了；她垂下眼睛注视着那鲜红的字母，甚至还用指头触摸了一下，以便使自己确信婴儿和耻辱都是实实在在的。

双齐末行齐左
这一切会是真的吗？她把孩子往胸前猛地用力一抱，孩子哇的一声哭了；她垂下眼睛注视着那鲜红的字母，甚至还用指头触摸了一下，以便使自己确信婴儿和耻辱都是实实在在的。

全部强制双齐
这一切会是真的吗？她把孩子往胸前猛地用力一抱，孩子哇的一声哭了；她垂下眼睛注视着那鲜红的字母，甚至还用指头触摸了一下，以便使自己确信婴儿和耻辱都是实实在在的。

图8-26

知识点 1　对齐方式

"段落"面板中共有9种文本段落的对齐方式，其中，"双齐末行齐左"是正文常用的对齐方式，避头尾设置中的"简体中文避头尾"无论是中文还是西文的排版都要选择。图8-27/1采用左对齐，无避头尾设置，导致从第三行开始尾部没有对齐，这是错误的排版效果。设置简体中文避头尾后正确的排版效果如图8-27/2所示。

知识点 2　缩进方式

"段落"面板中有左缩进、右缩进、首行左缩进、末行右缩进4个设置项，其中左右缩进主要针对整段文字的缩进。在中文排版的形式中，首行左缩进是经常使用的命令，如图8-28所示。

知识点 3　段间距调节

大量文字的正文段落文本需要在"段落"面板中设置段落间距，其中包括"段前间距"（鼠标指针位于段前）、"段后间距"（鼠标指针位于段后）和"段落之间的间距使用相同的样式"（针对段前及段后进行自动调节）3个设置项，其设置效果如图8-29所示。

三月三日的两周年祭日。女儿节。神户下了场罕见的雪，公墓也被笼罩在大雪之中。
丧服的黑色和斑驳的白色纠缠在一起。

图8-27/1

三月三日的两周年祭日。女儿节。神户下了场罕见的雪，公墓也被笼罩在大雪之中。
丧服的黑色和斑驳的白色纠缠在一起。

图8-27/2

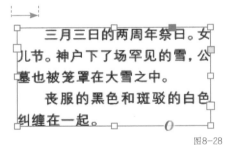

图8-28

三月三日的两周年祭日。女儿节。神户下了场罕见的雪，公墓也被笼罩在大雪之中。
　　丧服的黑色和斑驳的白色纠缠在一起。

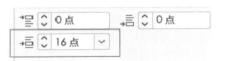

三月三日的两周年祭日。女儿节。神户下了场罕见的雪，公墓也被笼罩在大雪之中。

　　丧服的黑色和斑驳的白色纠缠在一起。

图8-29

知识点 4　首字下沉

　　在"段落"面板中可以设置段落首字下沉的效果，如图8-30所示，下沉的行数需要设置为2或以上。注意，一般执行首字下沉后文本可能变为溢流文本，注意拖曳出完整的文本框。

知识点 5　底纹与边框

　　InDesign 2020在"段落"面板中增加了针对文本的底纹填充和边框效果设置项。选中文本框，按住Alt键单击"段落"面板上的底纹颜色或边框颜色图标即可编辑底纹的填充颜色和描边的样式，如图8-31所示。

三月三日的两周年祭日。女儿节。神户
下了场罕见的雪，公墓也被笼罩在大雪
之中。
丧服的黑色和斑驳的白色纠缠在一起。

三月三日的两周年祭日。女儿节。神户
下了场罕见的雪，公墓也被笼罩在大雪
之中。
丧服的黑色和斑驳的白色纠缠在一起。

月三日的两周年祭日。女儿节。
神户下了场罕见的雪，公墓也
被笼罩在大雪之中。

丧服的黑色和斑驳的白色纠缠在
一起。

Afficimo dicidust, exeroviExercill estotatem sitate nient unti doluptatusa doluptatia sandaectibus mint.Rempore ctatur? Sit aut labore, oditi alicide nis evel eaquame nihicium quas exped quiae conse cusapiet eatem ipsantint, quia peribusam disque voleseque rero vel iur?

图8-30

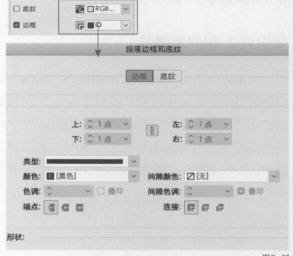

图8-31

知识点 6　中文排版集

　　"段落"面板中的中文排版集选项中包含14个标点挤压选项。在中文排版集的选项中选中"基本"，在弹出的"中文排版设置"对话框中可针对文本中的标点进行挤压、缩进的编辑设置。选择一段文本，在"段落"面板中的中文排版集选项中选择"基本"打开"中文排版设置"对话框，单击"新建"按钮，在弹出的"新建中文排版集"对话框中将新建的中文排版集命名为"中文设置1"，单击"确定"按钮，即可新建中文排版集，如图8-32所示。

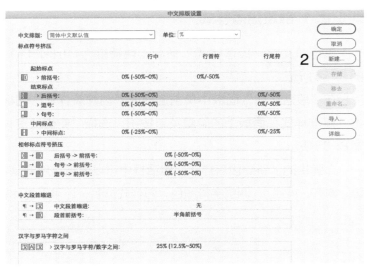

图8-32

首行缩进2字符是中文排版中常用的设置，可创建该排版集来提高排版效率。在"段落"面板中，选择中文排版集选项里的"基本"，在弹出的"中文排版设置"对话框中单击"新建"按钮，将新建的中文排版集命名为"首行空2个字符"，在中文段首缩进设置中选择"2个字符"即可完成排版集的创建，如图8-33所示。

图8-33

第4节 段落样式与字符样式

常用的样式包括段落样式和字符样式，这两个样式都用于统一规范文字的设置，是文字排版的模版，应用起来方便快捷，能让排版工作事半功倍。

知识点 1 创建段落样式

执行"文字→段落样式"命令（快捷键为Ctrl+F11）可以打开"段落样式"面板，如图8-34所示。

在"段落样式"面板中单击底部的"创建新样式"图标能建立新的段落样式，也可以单击"段落样式"面板上的隐藏菜单按钮，选择"新建段落样式"命令创建新的段落样式，如图8-35所示。

在弹出的"新建段落样式"对话框中可以设置常用的基本字符格式和基本段落格式（如缩进、对齐、间距），调整字符颜色，对样式命名，还可以为此样式设置快捷键，如图8-36所示。

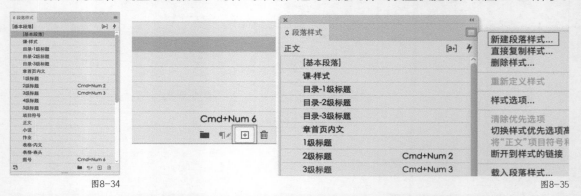

图8-34　　　　　　　　　　　　　　　　　　　　　　　　　　　　　　　　　　　图8-35

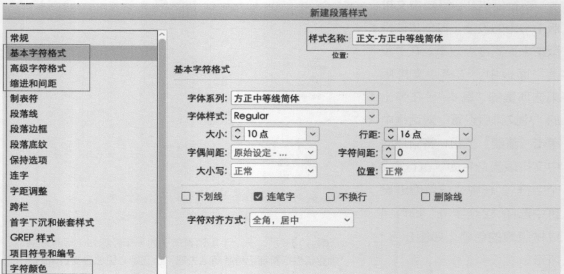

随着移动互联网技术的高速发展，数字艺术为电商、短视频、5G等新兴领域的飞速发展提供了前所未有的强大助力。以数字技术为载体的数字艺术行业，在全球范围内呈现出高速发展的态势，为中国文化产业的再次兴盛贡献了巨大力量。据2019年8月发布的《中国数字文化产业发展趋势研究报告》显示，在经济全球化、新媒体融合、5G产业即将迎来大爆发的行业背景下，数字艺术还会迎来新一轮的飞速发展。

图8-36

创建段落样式后，可以复制该段落样式并重新调整、编辑样式，更改命名后即可创建新的样式。重复运用复制命令可以获得更多的段落样式。

选中段落样式（正文-方正兰亭黑_GBK），单击"段落样式"面板右上角的隐藏菜单按钮，选择"直接复制样式"命令，然后选中复制出来的样式，更改字体，获得新的段落样式（方正清刻本悦宋简体），如图8-37所示。

正文-方正兰亭黑_GBK

随着移动互联网技术的高速发展，数字艺术为电商、短视频、5G等新兴领域的飞速发展提供了前所未有的强大助力。以数字技术为载体的数字艺术行业，在全球范围内呈现出高速发展的态势，为中国文化产业的再次兴盛贡献了巨大力量。据2019年8月发布的《中国数字文化产业发展趋势研究报告》显示，在经济全球化、新媒体融合、5G产业即将迎来大爆发的行业背景下，数字艺术还会迎来新一轮的飞速发展。

正文-方正兰亭黑-项目符号
正文-方正兰亭黑-编号
正文-方正兰亭黑-嵌套段落
正文-方正兰亭黑-嵌套首字下沉
方正清刻本悦宋简体
标题-方正兰亭黑

正文-方正清刻本悦宋简体

随着移动互联网技术的高速发展，数字艺术为电商、短视频、5G等新兴领域的飞速发展提供了前所未有的强大助力。以数字技术为载体的数字艺术行业，在全球范围内呈现出高速发展的态势，为中国文化产业的再次兴盛贡献了巨大力量。据2019年8月发布的《中国数字文化产业发展趋势研究报告》显示，在经济全球化、新媒体融合、5G产业即将迎来大爆发的行业背景下，数字艺术还会迎来新一轮的飞速发展。

图8-37

以正文段落样式为基础样式，复制样式后，在"段落样式"面板中双击复制出来的样式，在弹出的"段落样式选项"对话框中选择"基本字符格式"，更改样式名称、字体的字号及行距等参数，可获得新的标题段落样式。选中文字，单击段落样式即可应用该样式，如图8-38所示。

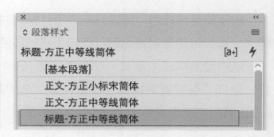

标题-方正中等线简体

火星系列图书的序

随着移动互联网技术的高速发展，数字艺术为电商、短视频、5G等新兴领域的飞速发展提供了前所未有的强大助力。以数字技术为载体的数字艺术行业，在全球范围内呈现出高速发展的态势，为中国文化产业的再次兴盛贡献了巨大力量。据2019年8月发布的《中国数字文化产业发展趋势研究报告》显示，在经济全球化、新媒体融合、5G产业即将迎来大爆发的行业背景下，数字艺术还会迎来新一轮的飞速发展。

图8-38

使用段落样式可以设置正文缩进格式。复制段落样式后，选中复制出来的样式，右击鼠标，选择编辑样式的选项，在弹出的"段落样式选项"对话框中选择"缩进和间距"，在首行缩进一栏中设置缩进的参数，如正文字号为9点（pt），则首行缩进两字符需要将参数设置为18点。选中段落文字，单击该段落样式即可应用，如图8-39所示。

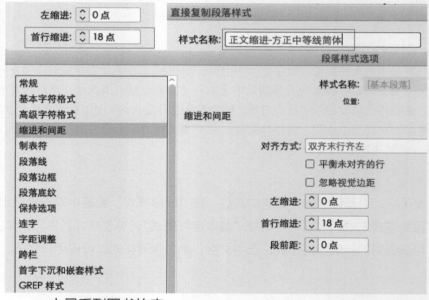

图8-39

用段落样式还可以设置首字下沉格式。复制段落样式后，编辑首字下沉和嵌套样式命令，可获得新的段落样式，如图8-40所示。

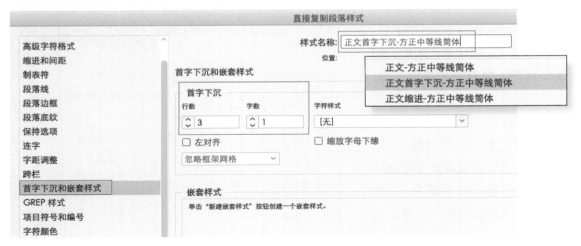

图8-40

同理，西文采用同样的步骤也可获得多种变化的段落样式，如正文-Arial、正文-Times New Roman 等，使用这两种段落样式的效果如图8-41所示。

Dicatisqui non planditiae voluptatem.

Et acium sum aut hariamet voluptatent faccum culpa nus autemolor recto dipsam eos nimporum nem quo imusa volupta simusapitat inveri re veliquiamus.Uptatemquas autem quo consequ atibus debite est.

 adit vendipite num dio illor re ni core ventibus sant quas eati bla in ent qui intem quia quam explania vendips usdae. Et fugiasp iendita tectus sequis dolupta eceriae con pellenis doluptatiur? Ra ilibus et dolori tem re vellaceped moditiu ndusdam, autatendel ipsam voloritat alit labo.

Dicatisqui non planditiae voluptatem.

Et acium sum aut hariamet voluptatent faccum culpa nus autemolor recto dipsam eos nimporum nem quo imusa volupta simusapitat inveri re veliquiamus.Uptatemquas autem quo consequ atibus debite est. adit vendipite num dio illor re ni core ventibus sant quas eati bla in ent qui intem quia quam explania vendips usdae. Et fugiasp iendita tectus sequis dolupta eceriae con pellenis doluptatiur?

Ra ilibus et dolori tem re vellaceped moditiu ndusdam, autatendel ipsam voloritat alit labo.

图8-41

知识点 2　创建字符样式

执行"文字→字符样式"命令（快捷键为Ctrl+Shift+F11）可以打开"字符样式"面板，单击面板右上角的隐藏菜单按钮，选择"新建字符样式"命令可以新建字符样式，如图8-42所示。

在弹出的"新建字符样式"对话框中可以设置基本字符格式（字体、字号、行间距等）、字符颜色，对样式进行命名，如图8-43所示。

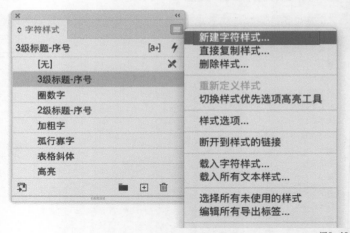

图8-42

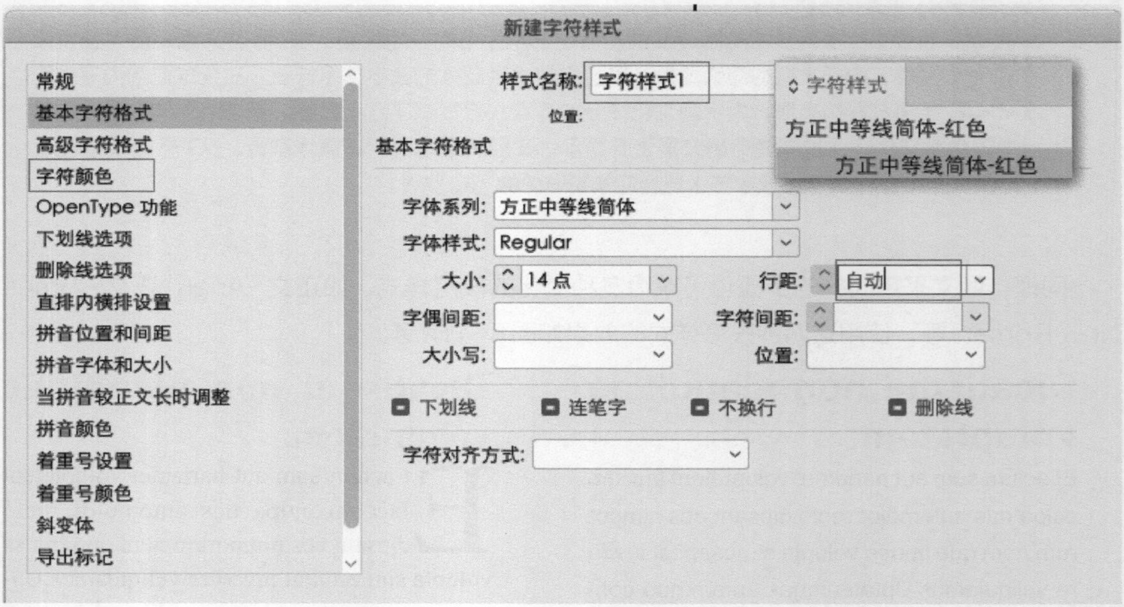

图8-43

选中文字后，打开"字符样式"面板，单击已经建立好的字符样式即可应用该样式，如图8-44所示。字符样式的应用有别于段落样式，字符样式是嵌套在段落样式中的。

在"段落样式"面板中创建首字下沉的段落样式后，"字符样式"面板中将创建出对应的字符样式，如图8-45所示。调整该字符样式中的字体和颜色即可调整段落中首字的样式。

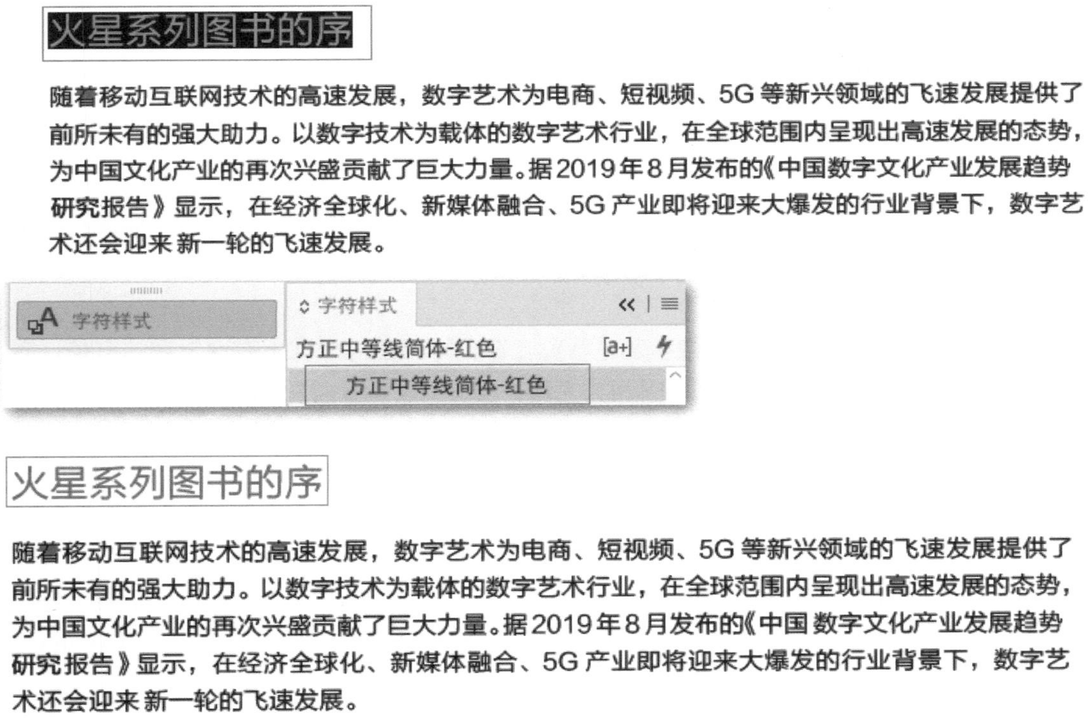

火星系列图书的序

随着移动互联网技术的高速发展，数字艺术为电商、短视频、5G 等新兴领域的飞速发展提供了前所未有的强大助力。以数字技术为载体的数字艺术行业，在全球范围内呈现出高速发展的态势，为中国文化产业的再次兴盛贡献了巨大力量。据 2019 年 8 月发布的《中国数字文化产业发展趋势研究报告》显示，在经济全球化、新媒体融合、5G 产业即将迎来大爆发的行业背景下，数字艺术还会迎来新一轮的飞速发展。

火星系列图书的序

随着移动互联网技术的高速发展，数字艺术为电商、短视频、5G 等新兴领域的飞速发展提供了前所未有的强大助力。以数字技术为载体的数字艺术行业，在全球范围内呈现出高速发展的态势，为中国文化产业的再次兴盛贡献了巨大力量。据 2019 年 8 月发布的《中国数字文化产业发展趋势研究报告》显示，在经济全球化、新媒体融合、5G 产业即将迎来大爆发的行业背景下，数字艺术还会迎来新一轮的飞速发展。

图8-44

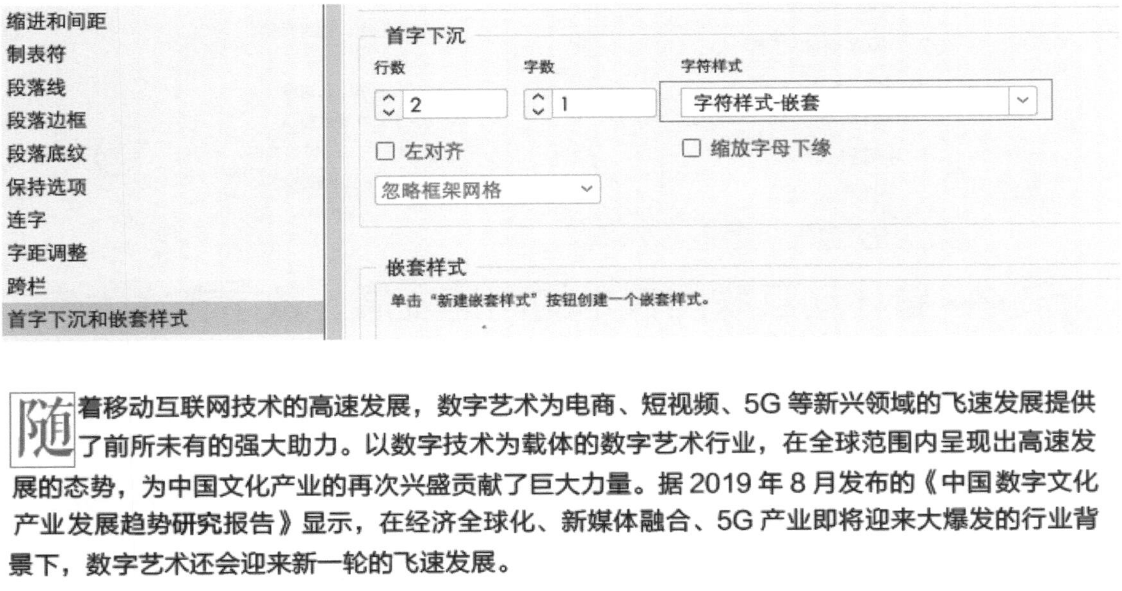

缩进和间距
制表符
段落线
段落边框
段落底纹
保持选项
连字
字距调整
跨栏
首字下沉和嵌套样式

首字下沉
行数 `2`　字数 `1`　字符样式 `字符样式-嵌套`
☐ 左对齐　　　☐ 缩放字母下缘
`忽略框架网格`

嵌套样式
单击"新建嵌套样式"按钮创建一个嵌套样式。

随着移动互联网技术的高速发展，数字艺术为电商、短视频、5G 等新兴领域的飞速发展提供了前所未有的强大助力。以数字技术为载体的数字艺术行业，在全球范围内呈现出高速发展的态势，为中国文化产业的再次兴盛贡献了巨大力量。据 2019 年 8 月发布的《中国数字文化产业发展趋势研究报告》显示，在经济全球化、新媒体融合、5G 产业即将迎来大爆发的行业背景下，数字艺术还会迎来新一轮的飞速发展。

图8-45

在"段落样式"面板中可以创建嵌套的段落样式，单击"段落样式"面板右上角的隐藏菜单按钮，在弹出的菜单中执行"新建段落样式"命令，在弹出的"新建段落样式"对话框中选择"首字下沉和嵌套样式"，在"嵌套样式"中可以新建嵌套样式，选择字体，设置嵌套包括的字符数，效果如图8-46所示。

字距调整
跨栏
首字下沉和嵌套样式
GREP 样式
项目符号和编号
字符颜色

嵌套样式
字符样式1　　　　包括　　　4　字符

（新建嵌套样式）　（删除）　　　　　　　▲　▼

当随着移动互联网技术的高速发展，数字艺术为电商、短视频、5G 等新兴领域的飞速发展提供了前所未有的强大助力。

以数字技术为载体的数字艺术行业，在全球范围内呈现出高速发展的态势，为中国文化产业的再次兴盛贡献了巨大力量。据 2019 年 8 月发布的《中国数字文化产业发展趋势研究报告》显示，在经济全球化、新媒体融合、5G 产业即将迎来大爆发的行业背景下，数字艺术还会迎来新一轮的飞速发展。

图8-46

提示　字符样式只能嵌套在段落样式中使用，字符样式和段落样式不可同时重复使用。段落样式针对正文，字符样式针对标题或独立的文本。图8-47所示为将用于标题的字符样式错误地应用在正文的效果。

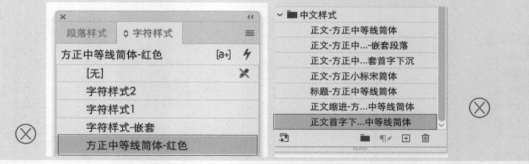

图8-47

知识点 3 项目符号和编号

选中文字，执行"文字→项目符号列表和编号列表→应用项目符号"命令，可以为文字添加项目符号，如图8-48所示。

图8-48

在"段落样式"面板中双击对应的项目符号样式，打开"段落样式选项"对话框，在其中的"项目符号和编号"设置项中可以对项目符号字符进行设置，如图8-49所示。

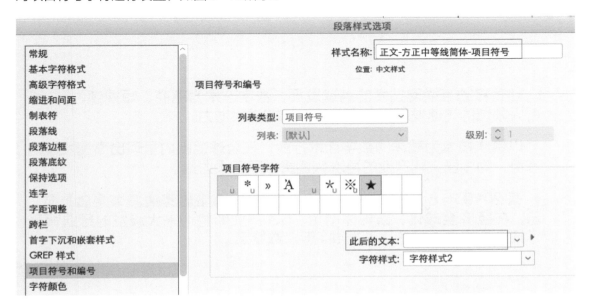

※随着移动互联网技术的高速发展，数字艺术为电商、短视频、5G等新兴领域的飞速发展提供了前所未有的强大助力。

※以数字技术为载体的数字艺术行业，在全球范围内呈现出高速发展的态势，为中国文化产业的再次兴盛贡献了巨大力量。

※据2019年8月发布的《　　　　　　　　　　　　》显示，在经济全球化、新媒体融合、5G产业即将迎来大爆发的行业背景下，数字艺术还会迎来新一轮的飞速发展。

图8-49

在"段落样式"面板中还可以设置文本的项目编号。在"段落样式"面板中双击项目编号样式，打开"段落样式选项"对话框，在其中的"项目符号和编号"设置项中将列表类型设置为"编号"，设置对应的编号样式格式即可，如图8-50所示。

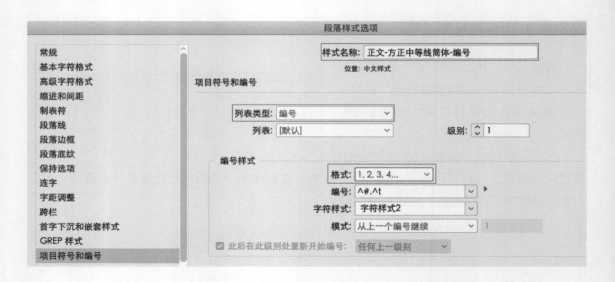

1. 随着移动互联网技术的高速发展，数字艺术为电商、短视频、5G 等新兴领域的飞速发展提供了前所未有的强大助力。

2. 以数字技术为载体的数字艺术行业，在全球范围内呈现出高速发展的态势，为中国文化产业的再次兴盛贡献了巨大力量。

3. 据 2019 年 8 月发布的《████████████████████████████》显示，在经济全球化、新媒体融合、5G 产业即将迎来大爆发的行业背景术还会迎来新一轮的飞速发展。下，数字艺

图8-50

知识点 4　段落样式的调整

段落样式极为重要，用户可以对已经建立好的段落样式进行规划调整，成组管理。单击"段落样式"面板底端的"创建新样式组"图标或单击右上角的隐藏菜单按钮，选择"新建样式组"，在弹出的"新建样式组"对话框中对样式组命名，单击"确定"按钮即可完成样式组的创建。创建样式组后，可以将建立好的段落样式放入组文件夹中进行规划管理，如图8-51所示。

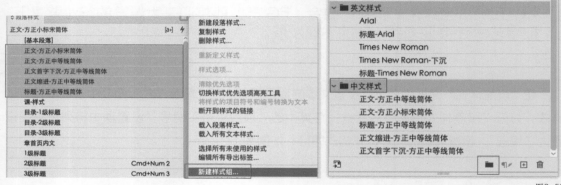

图8-51

执行"文件→存储为"命令，保存一个名为"段落样式-模板"的文件，如图8-52所示。这个文件可以作为段落样式的模板文件，随时添加新的段落样式。

图8-52

新建文件后，无须新建任何段落样式或字符样式，打开"段落样式"面板，单击面板右上角的隐藏菜单按钮，执行"载入段落样式"命令，在弹出的对话框中单击"全部选中"按钮即可载入保存好的段落样式，如图8-53所示。注意，载入的段落样式文件是已经设计过的独立文件。

在"段落样式"面板以外更改文本的样式，如直接更改段落中部分文本的字体，"段落样式"面板中该文本对应的样式名称后会显示加号。如果认可新的更改，可在该段落样式上右击鼠标，在弹出的快捷菜单中执行"重新定义样式"命令，这时加号消失，如图8-54/1所示；如果需要恢复以前的段落样式，在该段落样式上右击鼠标，在弹出的快捷菜单中执行"清除优先选项"命令，或按Alt键单击样式名称即可，如图8-54/2所示。

图8-53

1. 据 2019 年 8 月发布的《▓▓▓▓▓▓▓▓▓▓▓▓》显示，在经济全球化、新媒体融合、5G 产业即将迎来大爆发的行业背景下，数字艺术还会迎来新一轮的飞速发展。

图8-54/1

1. 随着移动互联网技术的高速发展，数字艺术为电商、短视频、5G 等新兴领域的飞速发展提供了前所未有的强大助力。

2. 以数字技术为载体的数字艺术行业，在全球范围内呈现出高速发展的态势，为中国文化产业的再次兴盛贡献了巨大力量。

3. 据 2019 年 8 月发布的《▇▇▇▇▇▇▇▇▇▇▇》显示，在经济全球化、新媒体融合、5G 产业即将迎来大爆发的行业背景下，数字艺术还会迎来新一轮的飞速发展。

图8-54/2

第5节　文本的框架分类

　　文本的框架主要包含文本框架和框架网格两种。选中文本，执行"对象→框架类型"命令，或右击鼠标选择文本的框架类型，能进行文本框架和框架网格的切换，两种框架的效果如图8-55所示。文本框架是常用的文档版式框架，方便编辑文档内容。

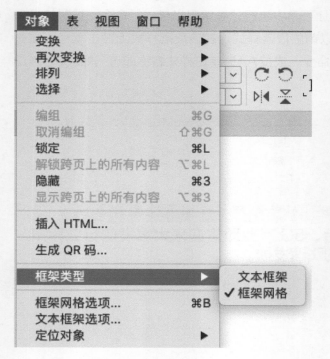

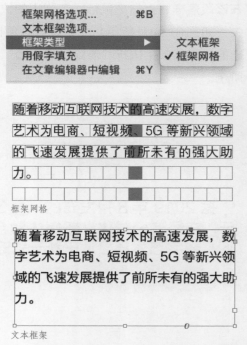

图8-55

知识点 1 编辑文本框架

选中文本框架,执行"对象→文本框架选项"命令,或按Alt键双击文本框架,即可打开"文本框架选项"对话框,对文本框架进行设置,如分栏等,如图8-56所示。

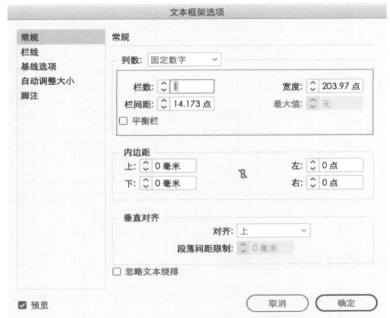

随着移动互联网技术的高速发展,数字艺术为电商、短视频、5G等新兴领域的飞速发展提供了前所未有的强大助力。

以数字技术为载体的数字艺术行业,在全球范围内呈现出高速发展的态势,为中国文化产业的再次███贡献了巨大力量。

随着移动互联网技术的高速发展,数字艺术为电商、短视频、5G等新兴领域的飞速发展提供了前所未有的强大助力。

以数字技术为载体的数字艺术行业,在全球范围内呈现出高速发展的态势,为中国文化产业的再

次███贡献了巨大力量。

据2019年8月发布的《████████████》显示,在经济全球化、新媒体融合、5G产业即将迎来大爆发的行业背景下,数字艺术还会迎来新一轮的飞速发展。

文本框架-1栏

文本框架-2栏

图8-56

选中框架网格，按Alt键并双击，在弹出的"框架网格"对话框中可对框架网格的各项参数进行编辑，如图8-57所示。

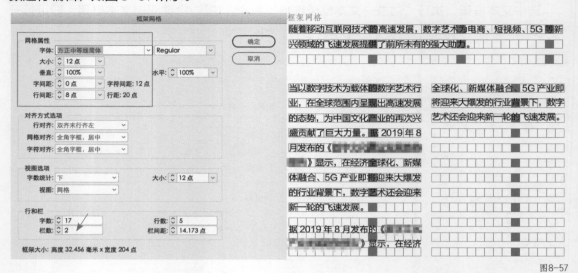

图8-57

知识点2 设置网格格式

InDesign中有适用于中文和西文段落版式的基线网格、适用于中文的版面网格和适用于对齐对象的文档网格，如图8-58所示。文档网格通常用在不使用版面网格的文档中；基线网格运用最为普及，配合段落样式，使中文与西文的对齐效果最佳。

基线网格适用于中文和西文版面的版式设计。执行"视图→网格和参考线→显示基线网格"命令，可显示基线网格，如图8-59所示。基线网格或文档网格通常用在不使用版面网格的文档中，不同的段落样式都适用基线网格的形式，可以保持中文与西文的版式对齐。

基线网格　　　　　　　　　　版面网格　　　　　　　　　　文档网格

图8-58

Ex eum ipsam idelenit, illuptat.

Odit et is ea custiur serem reriorum nim dolut que consecerit de con cullori busaerum as estiatem venest acium sundion nihillaccum eossunt, optatur?

Evelis voluptat. temporercia sum, senihitam nos nonsequaeres et et re labore et incteniasped que sed quaturiaero molesto reprem ipietusda pra duciist ma voluptas qui nonsequo blaut volupta spedipsa a debit

随着移动互联网技术的高速发展，

数字艺术为电商、短视频、5G 等

新兴领域的飞速发展提供了前所未

有的强大助力。以数字技术为载体

的数字艺术行业，在全球范围内呈

现出高速发展的态势，为中国文化

产业的再次兴盛贡献了巨大力量。

图8-59

第6节 特殊字符

执行"文字→插入特殊字符→标志符→当前页码"命令，或按快捷键Ctrl+Shift+Alt+N，可以在主页插入自动页码，如图8-60所示。在"插入特殊字符"命令下还有"插入破折号"等特殊字符的命令。

选择"页面"面板，或按快捷键Ctrl+F12，双击"A主页"图标进入A主页界面，在左页面底端拖曳出一个文本框架，按快捷键Ctrl+Shift+Alt+N插入自动页码图标A，设置其段落对齐方式为左对齐，复制文本A并将其移动至主页右页面的底端，设置其段落对齐方式为右对齐，返回普通页面，应用了A主页的页面将出现自动页码，如图8-61所示。在主页中页码还可以设置字体和字号等，页码的字体一般设置为英文字体。

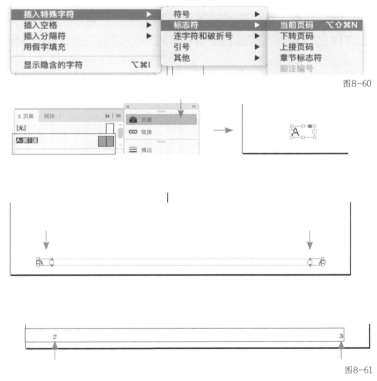

图8-60

图8-61

选中文本工具，将光标置于指定文本处，执行"文字→插入特殊字符→其他→在此缩进对齐"命令，可以以光标处为基准进行文本缩进对齐，如图8-62所示。

1. 随着移动互联网技术的高速发展，数字艺术为电商、短视频、5G 等新兴领域的飞速发展提供了前所未有的强大助力。以数字技术为载体的数字艺术行业，在全球范围内呈现出高速发展的态势，为中国文化产业的再次兴盛贡献了巨大力量。

2. 随着移动互联网技术的高速发展，数字艺术为电商、短视频、5G 等新兴领域的飞速发展提供了前所未有的强大助力。以数字技术为载体的数字艺术行业，在全球范围内呈现出高速发展的态势，为中国文化产业的再次兴盛贡献了巨大力量。

图8-62

选中文本工具，将光标置于指定文本处，执行"文字→插入特殊字符→其他→在此处结束嵌套样式"命令，可设置嵌套样式在何处结束，如图8-63所示。

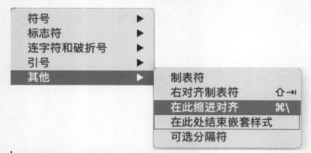

随着移动互联网技术的高速发展，数字艺术为电商、短视频、5G 等新兴领域的飞速发展提供了前所未有的强大助力。以数字技术为载体的数字艺术行业，在全球范围内呈现出高速发展的态势，为中国文化产业的再次兴盛贡献了巨大力量。

随着移动互联网技术的高速发展，数字艺术为电商、短视频、5G 等新兴领域的飞速发展提供了前所未有的强大助力。以数字技术为载体的数字艺术行业，在全球范围内呈现出高速发展的态势，为中国文化产业的再次兴盛贡献了巨大力量。

移动互联网技术的高速发展，数字艺术为电商、短视频、5G 等新兴领域的飞速发展提供了前所未有的强大助力。以数字技术为载体的数字艺术行业，在全球范围内呈现出高速发展的态势，为中国文化产业的再次兴盛贡献了巨大力量。

图8-63

选中文本工具，将光标置于指定文本处，执行"文字→插入特殊字符→其他→制表符"命令可插入制表符。执行"文字→制表符"命令或按快捷键Ctrl+Shift+T，打开"制表符"对话框，在该对话框中可对制表符的宽度微调。图8-64下方所示为利用制表符调节项目编号与正文文本之间的间距的效果。

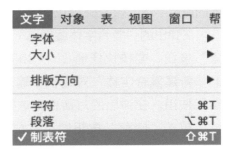

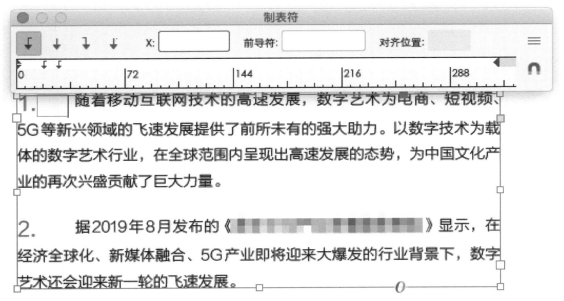

图8-64

在"制表符"对话框中，按住Shift键拖动制表符图标，可以对多个制表符的宽度微调，实现文本的垂直对齐，如图8-65所示。

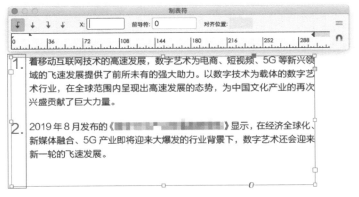

图8-65

第7节 复合字体

执行"文字→复合字体"命令，或按快捷键Ctrl+Shift+Alt+F可以建立针对中英文混排文本的特殊的复合字体，如图8-66所示。

在弹出的"复合字体编辑器"对话框中单击"新建"按钮，或按快捷键Ctrl+Shift+Alt+F，在弹出的"新建复合字体"对话框中输入名称，单击"确定"按钮。在弹出的对话框中选择所需的中英文字体，单击"储存"按钮即可完成设置，如图8-67所示。

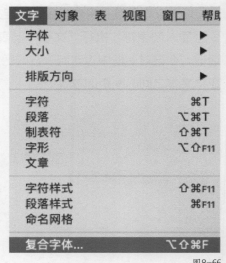

图8-66

图8-67

打开"字符"面板，选中文本，单击创建的"复合字体1"即可应用该复合字体，如图8-68所示。同理，可以建立使用复合字体的段落样式。

A 随着移动互联网技术的高速发展，数字艺术为电商、短视频、5G 等新兴领域的飞速发展提供了前所未有的强大助力。B 以数字技术为载体的数字艺术行业，C 在全球范围内呈现出高速发展的态势，为中国文化产业的再次兴盛贡献了巨大力量。

图8-68

提示 复合字体的选择最好是中西文相匹配的，如有衬线字体互相匹配、无衬线字体互相匹配，如图8-69所示。

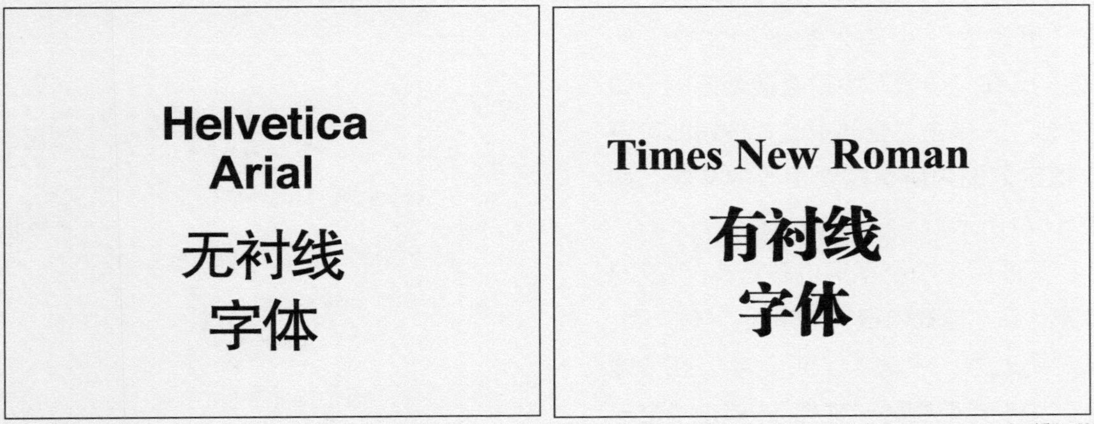

**Helvetica
Arial**

**无衬线
字体**

Times New Roman

**有衬线
字体**

图8-69

第8节　查找与更改

执行"编辑→查找/更改"命令（快捷键为Ctrl+F）可以根据字体、文字等进行内容查找，更改字体或文字，更改时可以选择全部更改或局部更改，如图8-70所示。

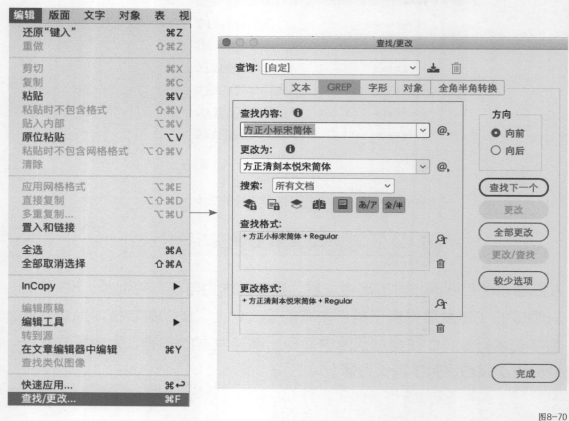

图8-70

在"查找/更改"对话框的"查找内容"中输入需要查找的文字（如"她"），在"更改为"中输入替换的文字（如"他"），在"搜索"中设置搜索范围（如"文档"），单击"全部更改"按钮即可更改指定范围内所有需要更改的文字，如图8-71所示。

下面用一个小案例讲解查找/更改的效果。在"查找内容"中输入"4G"字，在"更改为"中输入"5G"字，在"搜索"中设置范围为"文档"，单击"全部更改"按钮，文档中所有的"4G"字就被替换成"5G"字，如图8-72所示。

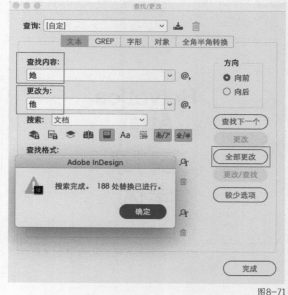

图8-71

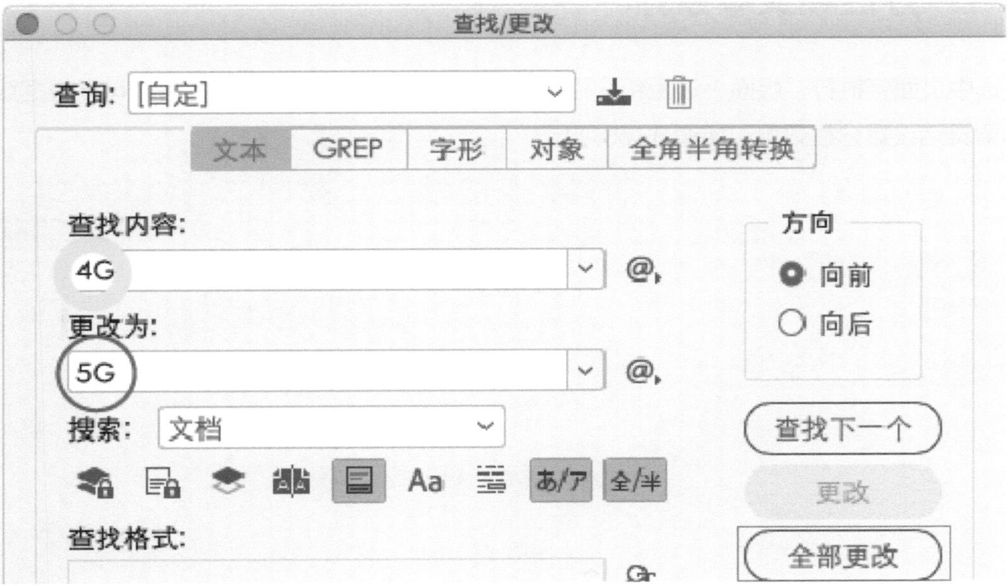

查找/更改前

随着移动互联网技术的高速发展，数字艺术为电商、短视频、4G等新兴领域的飞速发展提供了前所未有的强大助力。以数字技术为载体的数字艺术行业，在全球范围内呈现出高速发展的态势，为中国文化产业的再次兴盛贡献了巨大力量。据2019年8月发布的《▨▨▨▨▨▨▨》显示，在经济全球化、新媒体融合、4G产业即将迎来大爆发的行业背景下，数字艺术还会迎来新一轮的飞速发展。

查找/更改后

随着移动互联网技术的高速发展，数字艺术为电商、短视频、5G等新兴领域的飞速发展提供了前所未有的强大助力。以数字技术为载体的数字艺术行业，在全球范围内呈现出高速发展的态势，为中国文化产业的再次兴盛贡献了巨大力量。据2019年8月发布的《▨▨▨▨▨▨▨》显示，在经济全球化、新媒体融合、5G产业即将迎来大爆发的行业背景下，数字艺术还会迎来新一轮的飞速发展。

图8-72

第9节 分栏和文本绕排

选中页面，执行"版面→边距和分栏"命令，在"边距和分栏"对话框中可以根据版式设计需要灵活设置分栏效果，如图8-73所示。

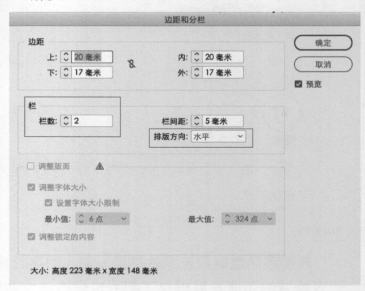

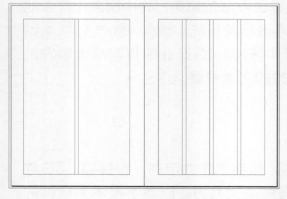

图8-73

知识点1 文本框架分栏

选中文本框架，按住Alt键双击，打开"文本框架选项"对话框，在"常规"设置项中可以设置文本的分栏，图8-74下方所示分别是栏数为1、2、3时的效果。

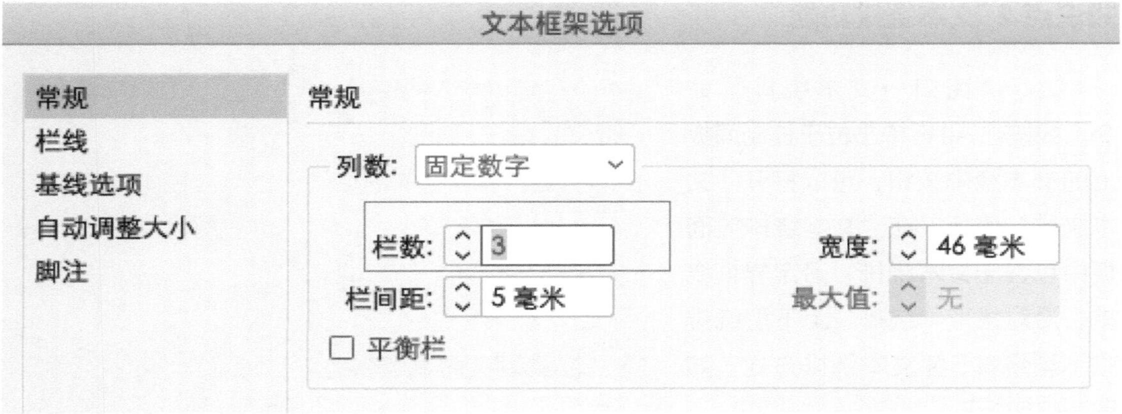

文本框架选项

常规	**常规**
栏线	
基线选项	列数: 固定数字 ∨
自动调整大小	
脚注	栏数: ⌃⌄ 3 宽度: ⌃⌄ 46 毫米
	栏间距: ⌃⌄ 5 毫米 最大值: ⌃⌄ 无
	☐ 平衡栏

随着移动互联网技术的高速发展，数字艺术为电商、短视频、5G 等新兴领域的飞速发展提供了前所未有的强大助力。

以数字技术为载体的数字艺术行业，在全球范围内呈现出高速发展的态势，为中国文化产业的再次兴盛贡献了巨大力量。

随着移动互联网技术的高速发展，数字艺术为电商、短视频、5G 等新兴领域的飞速发展提供了前所未有的强大助力。以数字技术为载体的数字艺术行业，在全球范围内呈现出高速发展的态势，为中国文化产业的再次兴盛

贡献了巨大力量。据 2019 年 8 月发布的《■■■■■■■■■■■》显示，在经济全球化、新媒体融合、5G 产业即将迎来大爆发的行业背景下，数字艺术还会迎来新一轮的飞速发展。

随着移动互联网技术的高速发展，数字艺术为电商、短视频、5G 等新兴领域的飞速发展提供了前所未有的强大助力。以数字技术为载体的数

字艺术行业，在全球范围内呈现出高速发展的态势，为中国文化产业的再次兴盛贡献了巨大力量。据 2019 年 8 月发布的《■■■■■■

■■■■■》显示，在经济全球化、新媒体融合、5G 产业即将迎来大爆发的行业背景下，数字艺术还会迎来新一轮的飞速发展。

图8-74

知识点 2 文本绕排功能

执行"窗口→文本绕排"命令，或按住 Alt 键单击位于控制面板上的文本绕排按钮，可以打开"文本绕排"面板。在"文本绕排"面板中包含无文本绕排、沿定界框绕排、沿对象形状绕排、上下型绕排和下型绕排5种文本绕排方式，如图8-75所示。

执行文本绕排命令时，首先要选择图像，再在"文本绕排"面板上单击所需的绕排方式按钮。无文本绕排、沿定界框绕排、沿对象形状绕排、上下型绕排和下型绕排效果分别如图8-76 ～图8-81所示。在"文本绕排"面板中还可以设置绕排的距离。

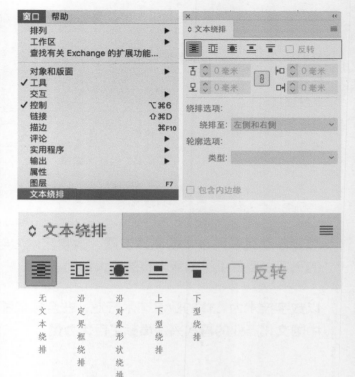

图8-75

无文本绕排

随着移动互联网技术的高速发展，数字艺术为电商、短视频、5G 等新兴领域的飞速发展提供了前所未有的强大助力。

以数字技术为载体的数字艺术行业，在全球范围内呈现出高速发展的态势，为中国文化产业的再次 ▇▇ 贡献了巨大力量。据 2019 年 8 月发布的《▇▇▇▇▇ ▇▇▇▇▇▇▇▇》显示，在经济全球化、新媒体融合、5G 产业即将迎来大爆发的行业背景下，数字艺术还会迎来新一轮的飞速发展。

图8-76

沿定界框绕排

随着移动互联网技术的高速发展，数字艺术为电商、短视频、5G 等新兴领域的飞速发展提供了前所未有的强大助力。以数字技术为载体的数字艺术行业，在全球范围内呈现出高速发展的态势，为中国文化产业的再次兴盛贡献了巨大力量。据 2019 年 8 月发布的《█████████████》显示，在经济全球化、新媒体融合、5G 产业即将迎来大爆发的行业背景下，数字艺术还会迎来新一轮的飞速发展。

图8-77

沿对象形状绕排

随着移动互联网技术的高速发展，数字艺术为电商、短视频、5G 等新兴领域的飞速发展提供了前所未有的强大助力。以数字技术为载体的数字艺术行业，在全球范围内呈现出高速发展的态势，为中国文化产业的再次兴盛贡献了巨大力量。据 2019 年 8 月发布的《█████████████████》显示，在经济全球化、新媒体融合、5G 产业即将迎来大爆发的行业背景下，数字艺术还会迎来新一轮的飞速发展。

图8-78

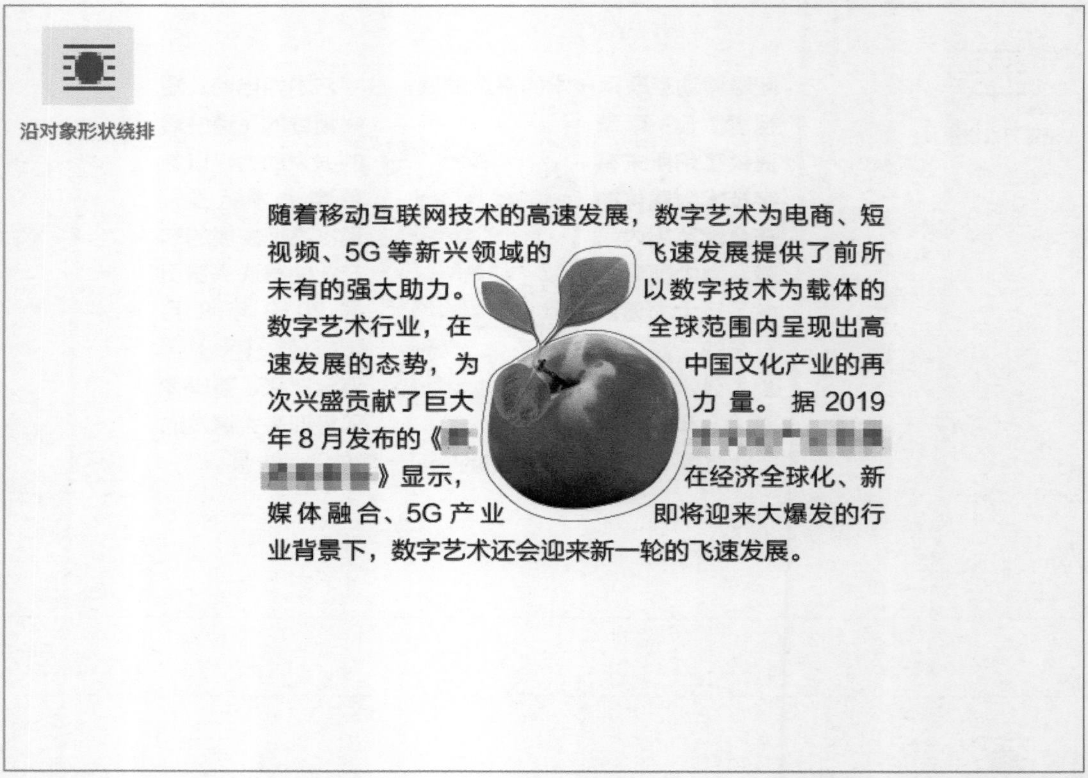

沿对象形状绕排

随着移动互联网技术的高速发展，数字艺术为电商、短视频、5G 等新兴领域的飞速发展提供了前所未有的强大助力。以数字技术为载体的数字艺术行业，在全球范围内呈现出高速发展的态势，为中国文化产业的再次兴盛贡献了巨大力量。据 2019 年 8 月发布的《████████》显示，在经济全球化、新媒体融合、5G 产业即将迎来大爆发的行业背景下，数字艺术还会迎来新一轮的飞速发展。

图8-79

上下型绕排

随着移动互联网技术的高速发展，数字艺术为电商、短视频、5G 等新兴领域的飞速发展提供了前所未有的强大助力。以数字技术为载体的数字艺术行业，在全球范围内呈现出高速发展的态势，为中国文化

产业的再次兴盛贡献了巨大力量。据 2019 年 8 月发布的《███████████████》显示，在经济全球化、新媒体融合、5G 产业即将迎来大爆发的行业背景下，数字艺术还会迎来新一轮的飞速发展。

图8-80

下型绕排

随着移动互联网技术的高速发展，数字艺术为电商、短视频、5G等新兴领域的飞速发展提供了前所未有的强大助力。以数字技术为载体的数字艺术行业，在全球范围内呈现出高速发展的态势，为中国文化产业的再次兴盛贡献了巨大力量。据 2019 年 8 月发布的《██████████████████》显示，在经济全球化、新媒体融合、5G 产业即

图8-81

本课练习题

操作题

　　使用本课提供的素材，根据本课所学的内容，完成图8-82所示的版式设计效果。

尺寸： 210毫米×297毫米

出血： 3毫米

上、左、右边距： 15毫米

下边距： 30毫米

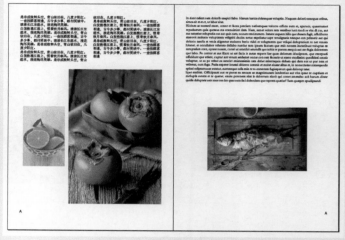

图8-82

操作题要点提示

　　1. 新建文件，按要求设置文件尺寸、出血、边距等，在A主页设置自动页码，页码对齐于左右页面的边距，如图8-83所示。

图8-83

2. 执行"文字→运用假字填充"命令，将文字段落分栏置于版心，文字有中文和西文的段落，文字不宜过多，如图8-84所示。

图8-84

3. 置入素材中提供的图像，将图像进行等比例放大或缩小，移动到页面的合适位置，如图8-85所示。操作的过程中注意随时存储文件。

图8-85

第 **9** 课

创建与设计表格

在InDesign中可以创建多种样式的表格，实现表格数据的可视化设计。表是由单元格的行（横排）和列（竖排）组成的。单元格与文本框架类似，可在其中添加文本、随文图等。

在InDesign中可以从零开始创建表格，创建的表格的宽度将与文本框架的宽度一致。除此之外，也可以通过从现有文本转换的方式创建表格，还可以导入Word表格。

本课知识要点

◆ 创建表格

◆ 编辑表格

◆ 设置单元格

第1节 创建表格

执行"表→插入表"命令（快捷键为Ctrl+Shift+Alt+T）打开"插入表"对话框，在对话框中设置表格的尺寸等参数，单击"确定"按钮即可拖曳出文本框架形式的表格框架，如图9-1所示。

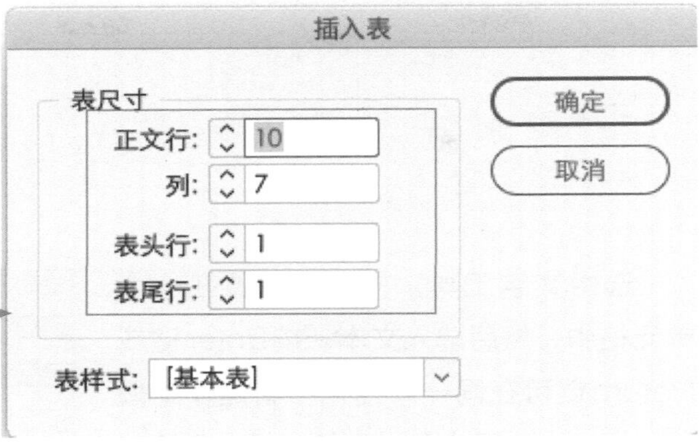

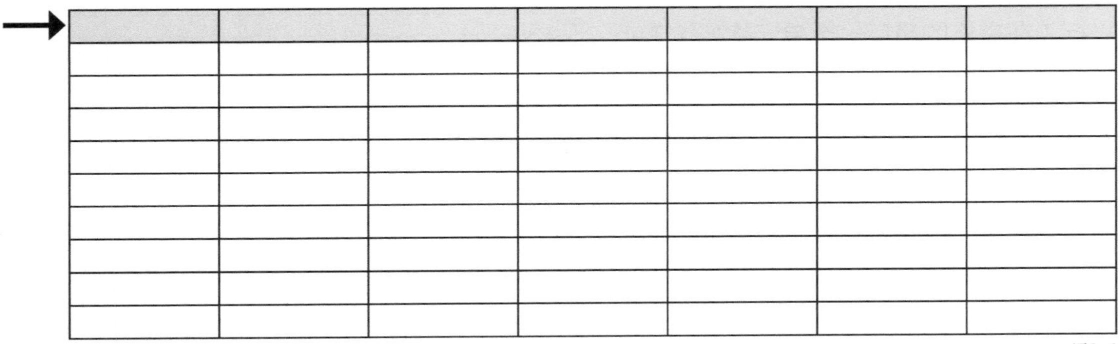

图9-1

第2节 编辑表格

创建表格后，新建表格的宽度会与作为容器的文本框的宽度一致。选中文本工具，选中表格中的一行，右击鼠标，在弹出的快捷菜单中执行"单元格选项→描边和填色"命令，在弹出的"单元格选项"对话框中可以编辑该行表格的填充和描边颜色，如图9-2所示。

图9-2

在表格中双击进入任意单元格，执行"表→表选项→填色"命令，打开"表选项"对话框，可以为表格设置隔行填色，如图9-3所示。

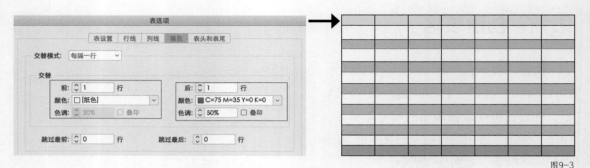

图9-3

选中文字工具，将光标放置在一个单元格中，然后键入文本。按Enter键或Return键可在同一单元格中新建一个段落，按Tab键可在各单元格之间向后移动光标（在表格的最后一个单元格处按Tab键将插入新的一行）。按Shift+Tab键可在各单元格之间向前移动光标，单元格中的文字默认为基本段落样式，如图9-4所示。

日 (Sun)	一 (Mon)	二 (Tue)	三 (Wed)	四 (Tur)	五 (Fri)	六 (Sat)
	1	2	3	4	5	6
	廿五	廿六	廿七	廿八	廿九	十月
7	8	9	10	11	12	13
立冬	初三	初四	初五	初六	初七	初八
14	15	16	17	18	19	20
初九	初十	十一	十二	十三	十四	十五
21	22	23	24	25	26	27
十六	小雪	十八	十九	二十	廿一	廿二
28	29	30				
廿三	廿四	廿五				

图9-4

在"段落样式"面板中可以为单元格中的文字制作并应用段落样式，如选中单元格"7"，然后在"段落样式"面板中单击"日-红"段落样式，即可应用该段落样式，效果如图9-5所示。

图9-5

第3节 设置单元格

在InDesign中，可以对单个单元格的格式进行编辑。例如，可以为首行单元格设置斜线效果。选中单元格，右击鼠标，在弹出的快捷菜单中执行"单元格选项→对角线"命令，在弹出的"单元格选项"对话框中可以设置想要的对角线效果，如图9-6所示。

图9-6

在"单元格选项"对话框中可以调整单元格的描边和填色效果，如选中表格，在"单元格选项"对话框中选择"描边和颜色"，在其中"单元格描边"的"颜色"下拉列表中选择"无"，即可设置无描边的多彩表格，效果如图9-7所示。

图9-7

在表格中还可以执行插入行或列、合并行或列、删除行或列等操作。选中表格中的行或列，右击鼠标，在弹出的快捷菜单中执行对应的命令即可，如图9-8所示。

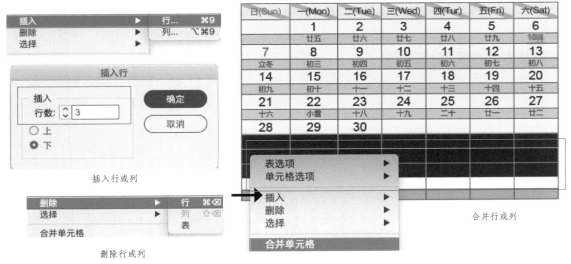

图9-8

选中表格，按住Ctrl和Shift键拖曳可等比例放大或缩小表格。在使用文本工具的情况下，将鼠标指针置于栏线位置按住鼠标左键左右拖动，可以修改行的高度或列的宽度，如图9-9所示。

执行"文件→置入"命令，或按快捷键Ctrl+D，可以置入XLSL或WORD格式的表格文件，如图9-10所示。用文本工具单击表格，右击鼠标，在弹出的快捷菜单中执行"表选项"命令，可以打开"表选项"对话框对表格进行编辑。

日(Sun)	一(Mon)	二(Tue)	三(Wed)	四(Tur)	五(Fri)	六(Sat)
	1	2	3	↔ 4	5	6
	廿五	廿六	廿七	廿八	廿九	十月
7	8	9	10	11	12	13
立冬	初三	初四	初五	初六	初七	初八
14	15	16	17	18	19	20
初九	初十	十一	十二	十三	十四	十五
21	22	23	24	25	26	27
十六	小雪	十八	十九	二十	廿一	廿二
28	29	30				
廿三	廿四	廿五				

图9-9

学院	课程题目	讲师姓名	计划时长	讲师过往项目、工作经验介绍	工作表现（学院填写）

图9-10

　　用文本工具选择单元格，右击鼠标，在弹出的快捷菜单中执行"单元格选项→文本"命令，在弹出的"单元格选项"对话框中设置"单元格内边距"的参数，可以调整单元格中文本的边距。若表格中的文本出现红点提示，则代表需要拖曳表格，清除溢流文本，如图9-11所示。

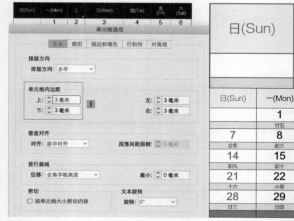

图9-11

本课练习题

操作题

根据本课所学知识，制作图9-12所示表格。

日(Sun)	一(Mon)	二(Tue)	三(Wed)	四(Tur)	五(Fri)	六(Sat)
	1	2	3	4	5	6
	廿五	廿六	廿七	廿八	廿九	十月
7	8	9	10	11	12	13
立冬	初三	初四	初五	初六	初七	初八
14	15	16	17	18	19	20
初九	初十	十一	十二	十三	十四	十五
21	22	23	24	25	26	27
十六	小雪	十八	十九	二十	廿一	廿二
28	29	30				
廿三	廿四	廿五				

图9-12

操作题要点提示

1. 创建文档，插入表格，设置行为10，列为7，表头行为1，表尾行为1。
2. 设置单元格选项，编辑填色与描边选项。
3. 调整表格细节。

第 **10** 课

书籍编排

　　书籍编排是平面视觉设计师在设计工作中需要掌握的技能。当设计师接到书籍编排任务时，无论书籍内容是多是少，建议不要立即设计和制作，必须从全局出发。在设计和制作前，首先需要了解书籍的主要内容，最好与编辑或原作者进行设计前的策划与沟通，做到知己知彼。确定设计风格及书籍印刷物料等成稿的必备工作后，才能事半功倍地完成书籍编排的任务。

本课知识要点

◆ 书籍的编排流程

◆ 版式类型

◆ 主页的应用

◆ 页码和章节选项

第1节 书籍的编排流程

　　做好任何事情都需要有完备的计划和执行的步骤，比如厨师要烹饪一桌美味佳肴，需要考虑食客、食材、食量等诸多因素，书籍的编排也是如此。首先要做好书籍素材的整理工作，图像素材要整合在文件夹中，并按照统一的规范命名，如图10-1所示。

图10-1

　　作为优秀的设计师，要充分了解客户的需要和诉求，同时要帮助客户优化、完善、更新其需求，如精简提炼文字内容、优化整合图像素材等，这些能充分体现设计师的专业素养。当所有的素材准备完毕之后，就可以进入排版的初级阶段，这个阶段被称为"创意草图稿"阶段。设计师根据自己对书籍排版的初步构想，设计绘制"版式框架草图"来制订设计方案，如图10-2所示。

　　书籍的版式框架草图确定后，设计师就可以根据图像素材，进行具体的版式制作了。

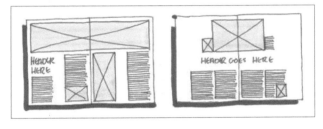

图10-2

第2节 版式类型

　　书籍版式的类型有很多，常用的大致分为4种，即满版型、分割型、倾斜型和曲线型，这 4 种类型版式的效果如图10-3所示。

← 满版型

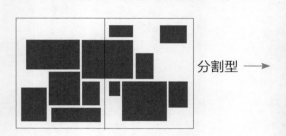

分割型 →

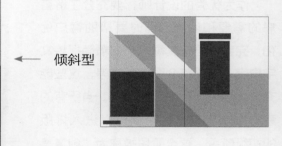

← 倾斜型

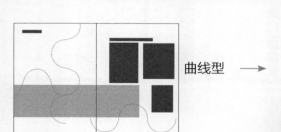

曲线型 →

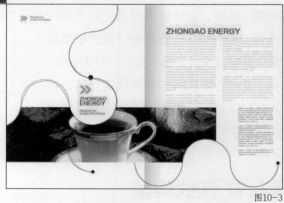

图10-3

知识点 1 满版型

满版型版式主要是指图像覆盖整个版面或覆盖跨页，以及图像完全占据版心（页边距通常为5～6毫米）的版式，如图10-4所示。满版型版式可以突出图像的视觉冲击力，使图像呈现更震撼的效果，是版式设计的常用版式之一，适用于展示大尺寸图像，常用于大型画册、摄影集、菜谱等。

图10-4

知识点 2　分割型

　　分割型版式适用于展示"文字+图像"的内容，是常用于时尚杂志、商业产品图册、插图类书籍的版式。分割型版式的分割形式主要分为对称分割、零间距分割和不对称均衡分割，如图10-5所示。

图10-5

110

知识点 3 倾斜型

倾斜型版式角度感强，适用于展示体育运动产品等相关内容，打造富有动感的画面，广受年轻读者的喜爱，如图10-6所示。

图10-6

知识点 4　曲线型

曲线型版式具有灵活多变的特色，版式不拘一格，具有节奏韵律，常用于强调创意的版式设计，如图10-7所示。

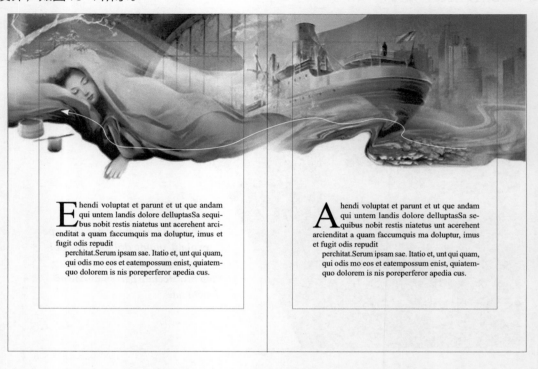

图10-7

第3节 主页的应用

主页相当于一个可以快速应用的模板，在主页上做好设计后将主页应用到页面上，主页上的对象将显示在应用该主页的所有页面上。主页通常包含重复的徽标、页码、页眉和页脚，对主页进行的更改将自动更新到应用了主页的页面上。

应用主页需要使用"页面"面板。执行"窗口→页面"命令（快捷键为Ctrl+F12）可以打开"页面"面板，在"页面"面板上方的主页区域双击即可进入主页的编辑界面，双击内容页面即可返回内容页面的界面，如图10-8所示。

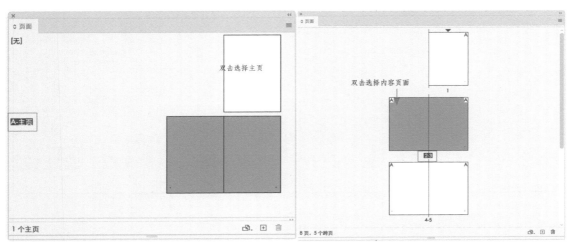

图10-8

> **提示** 选择页面的方法
>
> 1. 在工作区按住空格键的同时，按住鼠标左键拖曳，可以上下左右移动页面，单击可以选择内容页面。
> 2. 在"页面"面板中双击可以选择相应的页面（主页页面或内容页面）。
> 3. 按快捷键 Ctrl+J 打开"转到页面"对话框，输入相应页码，可以选择页面（主页页面或内容页面）。

知识点 1 版心、页眉和页码的设置

在"页面"面板中双击"A-主页"，进入主页的编辑界面后，可以设置主页的三大功能区——版心、页码和页眉[可以添加标识（Logo）、广告语、装饰图形等需要重复出现在多个页面上的内容]，如图10-9所示。

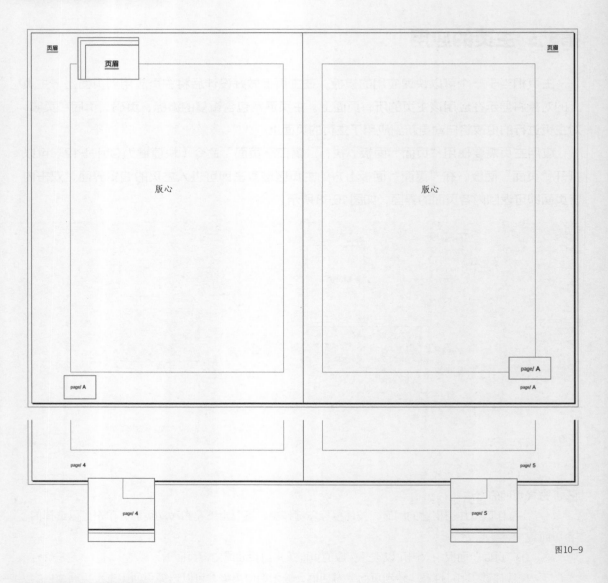

图10-9

知识点 2　网格设置

在主页中设置网格可以给书籍的版式设计提供统一的参考标准，使书籍更规范。下面将以"A-主页"为例，讲解主页上设置网格的详细步骤。

1. 在"页面"面板上方的主页区域双击进入"A-主页"的编辑界面，执行"版面→边距和分栏"命令，在打开的"边距和分栏"对话框的"栏"设置项中输入所需栏数，如"4"，栏间距默认为5毫米，排版方向为水平，单击"确定"按钮即可在主页中设置4列网格，如图10-10所示。

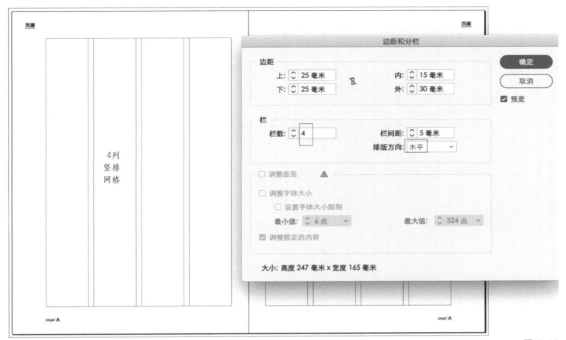

图10-10

2.使用矩形框架工具，在页面的版心中，运用手动分割的方式，拖曳出5行横向的框架图形，如图10-11所示。

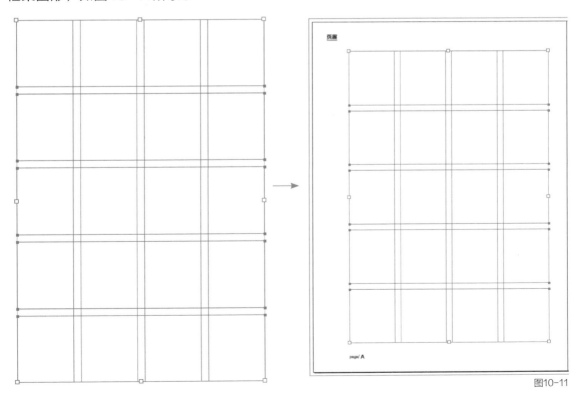

图10-11

3. 选中在版心拖曳出来的5行横向的框架图形，将其填充为灰色（不透明度值设为20%），如图10-12所示。

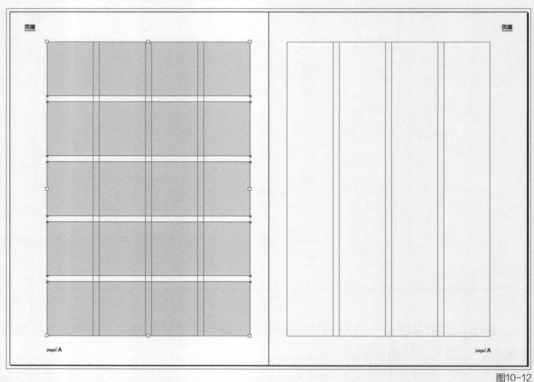

图10-12

4. 选中5行横向的框架图形，执行"窗口→实用程序→脚本"命令或按快捷键Ctrl+Alt+F11，打开"脚本"面板，执行"AddGuides.jsk（将对象转化为参考线）"命令，如图10-13所示。

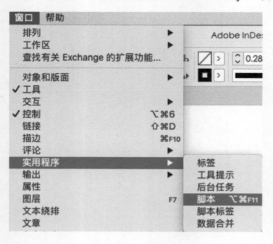
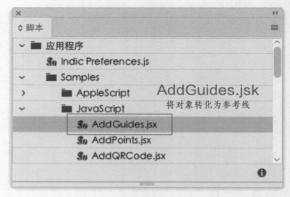

图10-13

5. 在弹出的"AddGuides"对话框中勾选Top（顶部）、Left（左）、Bottom（底部）、Right（右）4个选项，单击"确定"按钮，被选择的框架会自动生成参考线，如图10-14所示。

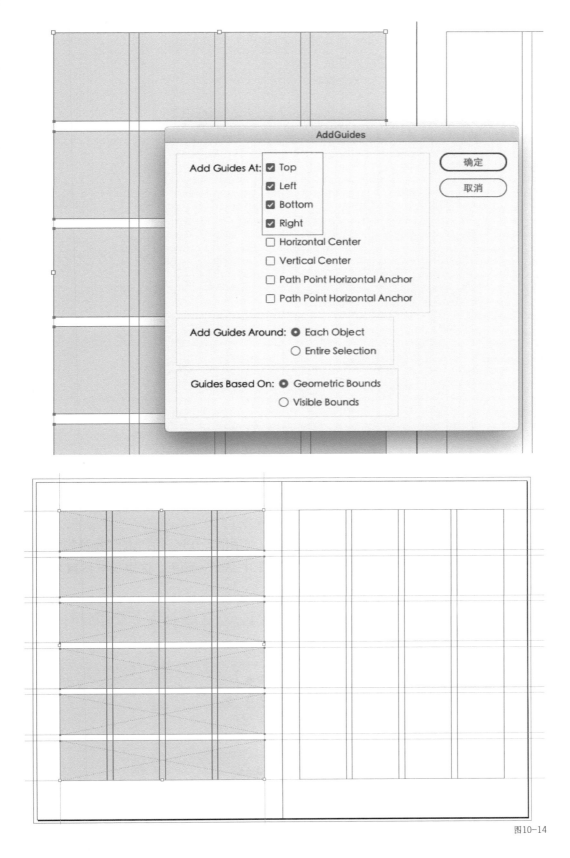

图10-14

执行"窗口→图层"命令，打开"图层"面板，可以看到此时系统已自动生成参考线图层，如图10-15所示。

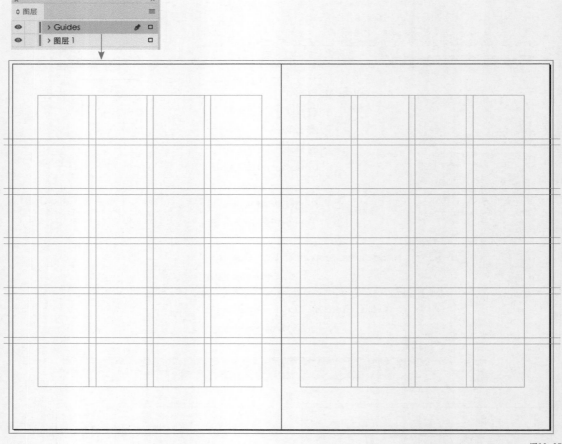

图10-15

6. 执行"编辑→首选项"命令，打开"首选项"对话框，在该对话框的"参考线和粘贴板"设置项中可以设置参考线的颜色显示，将边距线和栏线统一颜色，这里统一设置为"青色"，如图10-16所示。

图10-16

在主页上设置好网格后，用户即可回到具体页面，根据网格摆放文字和图像等内容，进行版面的设计。网格又称网格系统，网格排版简单来说就是运用固定的方格框架设计版面布局，使用这种方法可以轻松打造工整、简洁的版面。使用网格是平面设计的主流设计手法之一。图10-17所示为使用网格设计的现代瑞士风格版面。

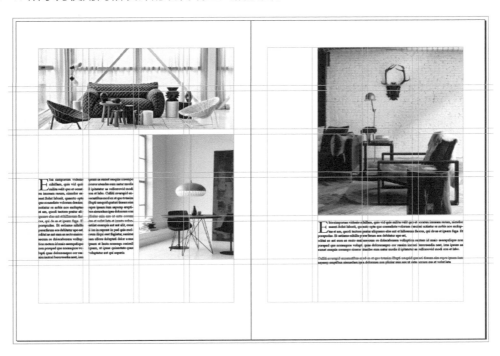

图10-17

依托网格，设计师可以随时调整版面的设计风格，如图10-18所示。

图10-18

知识点 3 复制主页

复制主页可以在原主页的基础上对新的主页进行编辑，为书籍的设计增加变化。在"页面"面板选中"A-主页"，右击鼠标，在弹出的快捷菜单中执行"直接复制主页跨页'A-主页'"命令，在复制的主页上可以更改字体等，快速建立新的段落样式，如图10-19所示。

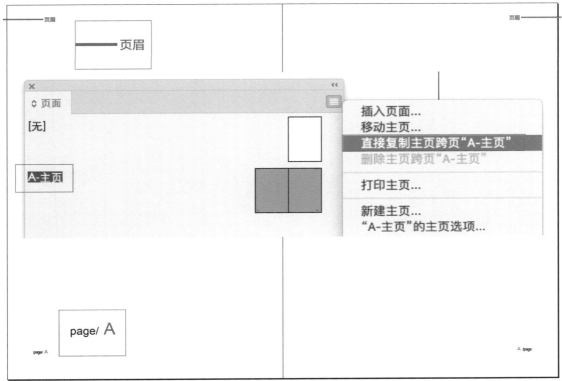

图10-19

复制出来的主页为"B-主页"，页眉与"A-主页"一致，页码的A变为B，如图10-20所示。

双击选中"B-主页"进入主页编辑界面，更改页眉颜色为蓝色，将页码文字的颜色设置为蓝色，如图10-21所示。

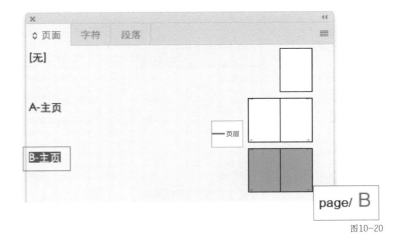

图10-20

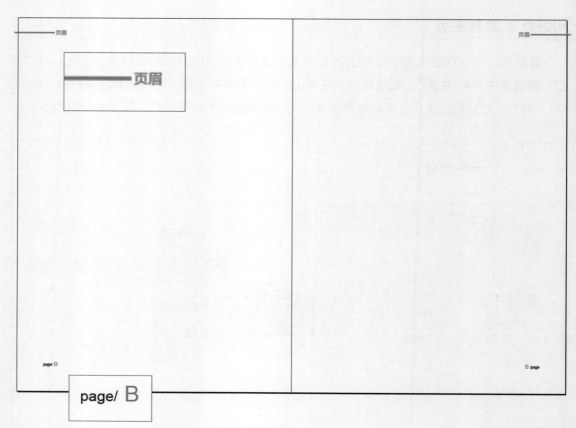

图10-21

　　在"页面"面板的"A-主页"标题上右击鼠标，在弹出的快捷菜单中执行"'A-主页'的主页选项"命令，在弹出的"主页选项"对话框中，将主页的名称设置为"红色"，在"页面"面板的"B-主页"标题上右击鼠标，在弹出的快捷菜单中执行"'B-主页'的主页选项"命令，在弹出的"主页选项"对话框中，将主页的名称设置为"蓝色"，如图10-22所示。

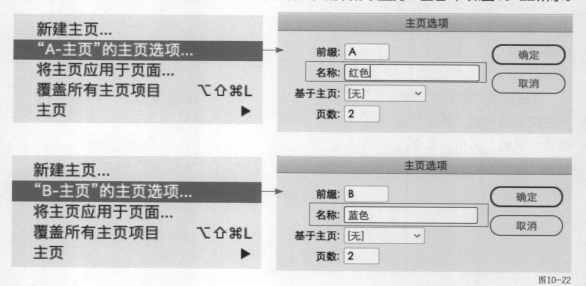

图10-22

设置完毕后，在"页面"面板中可以看到A、B两个主页的效果，如图10-23所示。以此类推，可以继续复制B主页得到C主页，复制C主页得到D主页，可以更改每个主页的页眉文字内容或色彩等元素，所有主页的自动页码顺序保持不变。

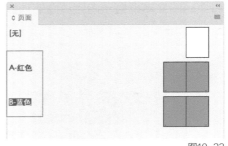

图10-23

知识点4 将主页应用于页面

在"页面"面板中选中"A–主页"，右击鼠标，在弹出的快捷菜单中执行"将主页应用于页面"命令，在弹出的对话框中输入应用该主页的页码，或者选择"所有页面"选项，单击"确定"按钮，即可将"A–主页"应用于页面，如图10-24所示。

在"页面"面板中选中任意内容页面，右击鼠标右键，在弹出的快捷菜单中执行"将主页应用于页面"命令，在弹出的对话框中选择需要应用的主页和页面，单击"确定"按钮也能将主页应用于页面，如图10-25所示。

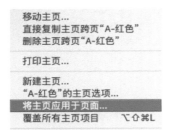

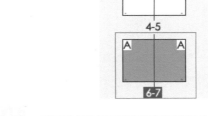

图10-24

图10-25

在"页面"面板中选中任意内容页面，按住Alt键，单击需要应用的主页图标即可将主页应用于该页面。主页应用成功后，在内容页面的左上角或右上角将显示应用的主页的序号，如图10-26所示。

主页上的内容（如页码、页眉、Logo等元素）应用到内容页面后将呈锁定状态，如果想要在内容页上激活主页中设置的内容，如页码，需要按住Ctrl键和Shift键选择（框选）主页上的元素，这样页码将被激活，呈现被选中状态。此时，右击鼠标，在弹出的快捷菜单中执行"置于顶层"命令即可

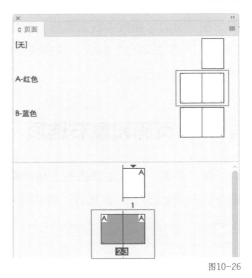

图10-26

将页码的文本框置于内容页面的顶层，如图10-27所示。

在内容页面中，无图像遮挡的页码   在内容页面中，图像遮挡了页码

在内容页面中，按住Ctrl+Shift键框选激活页码   右击鼠标执行"置于顶层"命令，页码置于图像之上

图10-27

在内容页面里，如果需要激活所有主页中的内容，则需要在"页面"面板中右击鼠标，在弹出的快捷菜单中执行"覆盖所有主页项目"命令，或按快捷键Ctrl+Shift+Alt+L，如图10-28所示。

图10-28

第4节　页码和章节选项

在"页面"面板上单击右上角的隐藏菜单按钮，在弹出的菜单中执行"页码和章节选项"命令，在弹出的"新建章节"对话框中可以设置页码的样式、新的起始页码等，如图10-29所示。

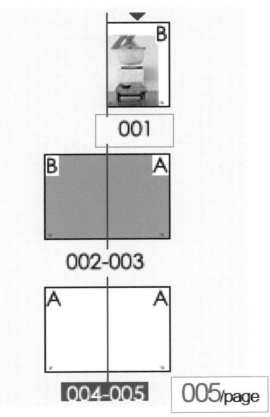

图10-29

本课练习题

操作题

请使用本章所学的网格设置、主页设置等知识，完成图10-30所示的版式综合练习。

尺寸：210毫米×297毫米

出血：3毫米

上、左、右边距：15毫米

下边距：30毫米

页数：2

图10-30

操作题要点提示

步骤1：新建文件后，在A主页设置自动页码，页码要对齐于左右页面的边距。

步骤2：建立网格系统，如图10-31所示。

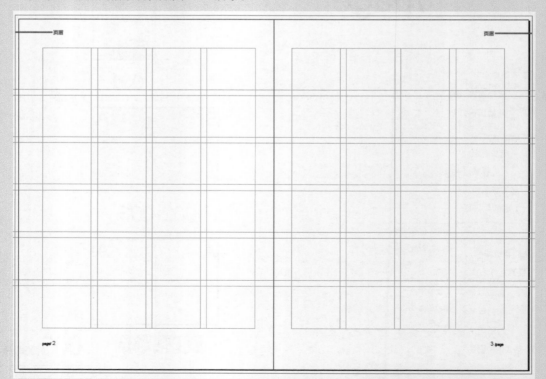

图10-31

步骤3：根据网格置入图像和文字（使用假字填充），建立标题及正文的段落样式，完成版式综合练习。

第 **11** 课

书籍整合和目录制作

　　书籍和画册的编排，尤其是篇幅较多的小说、纪念画册、图录等，需要设计便于检索的目录。

　　InDesign 提供了书籍目录样式这一实用功能，便于用户快速创建目录。目录可以随书籍内容更改而更新，能够保证书籍页码排序的准确性，具有很强的实用功能。

本课知识要点

◆ 整合书籍

◆ 制作和编辑目录

第1节　整合书籍

整合书籍功能可以将书籍的多个章节文件整合在一起，或将多部书籍的排版归为一套，如将上下册合为一本等。执行"文件→新建→书籍"命令，打开"书籍-整合"面板，在该面板中可将已经保存好的InDesign文件整合。单击"+"按钮即可在弹出的对话框中添加准备好的InDesign文件，如图11-1所示。注意需要将各文件的章节选项设置为"自动页码"，这样可以避免不同文件的页码出现杂乱无章的情况。

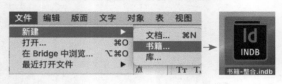

图11-1

> **提示**　自动页码的设置
>
> 　　打开"页面"面板，选择"A-主页"，在"A-主页"页面下方的版心之外，利用文本工具绘制文本框，然后执行"文字→插入特殊字符→标志符→当前页码"命令，此时在文本框中会自动生成字母"A"，如图11-2所示。
>
> 　　将左侧的自动页码文本框复制到主页右侧页面就能完成"A-主页"的自动页码设置了。此时返回正文页面，可以观察到页面中自动生成页码，如图11-3所示。

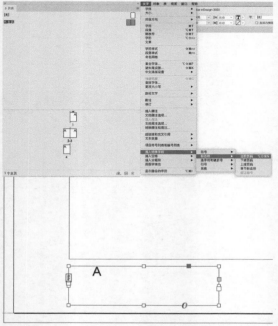

图11-2

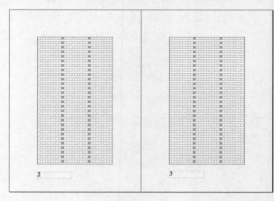

图11-3

书籍整合完成后，还需要保存书籍。单击"书籍"面板右上角的菜单按钮，在弹出的菜单中选择"存储书籍"，即可完成书籍的保存。书籍文件与文档文件不同，其文件扩展名为".indb"，如图11-4所示。

图11-4

第2节 制作和编辑目录

在书籍排版完成后可以自动生成目录。生成目录的方法是，打开完成内容设计的书籍文件，执行"版面→目录"命令，如图11-5所示，打开"目录"对话框，在对话框中可以设置并创建目录。创建目录后，可以根据内容的更新随时更新目录，提高工作效率。

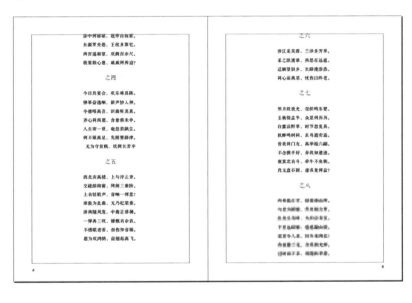

图11-5

在"目录"对话框中可以设置目录标题的样式。在"目录中的样式"设置项中可以将文件现有的段落样式添加为目录样式，按层级添加即可；在"页码"后的"样式"下拉列表中需要新建字符样式应用于目录中的页码。所有样式设置完毕后单击"确定"按钮，再在页面中单击并拖曳出目录文本框即可自动生成目录。需要再次编辑目录时，执行"版面→目录"命令，重新开启对话框进行设置即可，如图11-6所示。

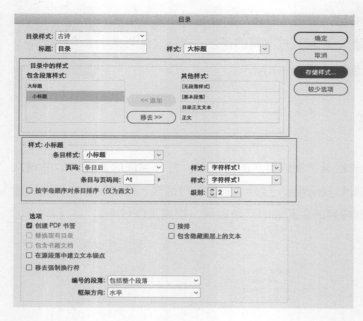

图11-6

执行"版面→目录样式"命令，在弹出的"目录样式"对话框中可以新建目录的样式，如图11-7所示，也可以随时编辑和载入已经设置完毕的目录样式。

当文档的内容增加时，如由16章增加到18章，可以选中目录，执行"版面→更新目录"命令进行目录的更新，效果如图11-8所示。

除了运用自动生成的目录样式外，还可以对目录进行装饰与设计，制作出极具创意的视觉效果，如图11-9所示。想要制作出这样的目录效果，需要设计师综合运用多种工具，具有更高的文字信息规划和图文设计的能力。

图11-7

目录...
更新目录
目录样式...

图11-8

图11-9

第 **12** 课

印前与输出

书籍的版式设计制作完成后，把设计文件交给印刷厂将文件印刷并装订成册，最终送到读者的手中，是版式设计工作的终点。

为了使书籍能够顺利印刷，设计师要了解印刷流程、纸质媒介的特点、印刷油墨的特性、印刷专色工艺的实现、装订成册的样式等知识。设计文件转化为印刷成品的阶段被称为印前与输出。

本课知识要点

◆ 了解色彩与印刷

◆ 文档印前检查

◆ 导出交互式PDF文件

◆ 导出打印式PDF文件

◆ 保存打包文件

第1节 了解色彩与印刷

设计好的文件送到印刷厂，还要经过印刷纸张的挑选、印刷油墨的调配、文件校色、调墨等流程才能最终上机印刷，如图12-1所示。

图12-1

知识点 1 纸张与开本

书籍印刷的主要载体是纸张，印刷纸张的尺寸一般用"开"来衡量，如常见的对开、16开、32开等。印刷纸张最大的尺寸为整开（又称全开），常用尺寸分为"正度"和"大度"两种，其他尺寸的纸张为整开纸裁切而成，因此其他开本也有"正度"和"大度"的区分，如图12-2所示。打印用纸一般使用国际或标准尺寸的整开纸，其裁切后就是人们日常熟知的A4、A3纸。在设计前，设计师需要根据最终作品是用于印刷还是用于打印来选择纸张和设置尺寸。

众所周知，油画是画在布或木板上的，国画是画在宣纸或绢上的。即便是宣纸，都有熟宣纸和生宣纸之分，印刷书籍的纸张同样也有所区别。以图像为主要印刷内容的画册、杂志等一般采用铜版纸，印出的图像色彩明亮清晰，如图12-3所示。铜版纸常用克重一般分为

80克、128克、157克、200克、250克、300克和350克。

　　以文字内容为主的书籍和报刊，如小说、报纸等，一般采用胶版纸。胶版纸又称道林纸，是专供胶版印刷的用纸，常用纸张克重有60克、70克、80克、100克、120克等，适用于报刊、图书、画报、地图、信封等，如图12-4所示。

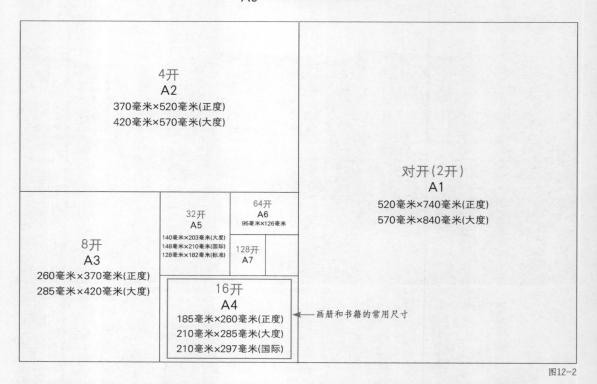

整开　787毫米×1092毫米(正度)
A0　889毫米×1194毫米(大度)

4开
A2
370毫米×520毫米(正度)
420毫米×570毫米(大度)

对开(2开)
A1
520毫米×740毫米(正度)
570毫米×840毫米(大度)

32开
A5
140毫米×203毫米(大度)
148毫米×210毫米(国际)
128毫米×182毫米(标准)

64开
A6
95毫米×126毫米

128开
A7

8开
A3
260毫米×370毫米(正度)
285毫米×420毫米(大度)

16开
A4
185毫米×260毫米(正度)
210毫米×285毫米(大度)
210毫米×297毫米(国际)

←画册和书籍的常用尺寸

图12-2

图12-3

图12-4

　　印刷中还会用到一些比较特殊的纸张，如牛皮纸、珠光纸、硫酸纸、镭射纸、用于纸媒包装的瓦楞纸、用于印刷名片的白卡纸等，这一类型的纸张，材质特殊、肌理感强，又被称为特种纸，如图12-5所示。

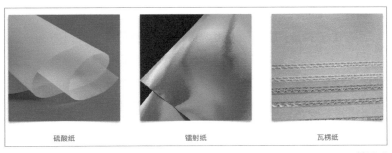

| 硫酸纸 | 镭射纸 | 瓦楞纸 |

图12-5

　　在新建文件时，用于打印的文件一般需要将出血设置为3毫米，页面中重要的内容（例如页码、页眉装饰图形、Logo等）不要离页边距太近，尤其是满版型版式设计中的大图都需要预留3毫米的出血，如图12-6所示。

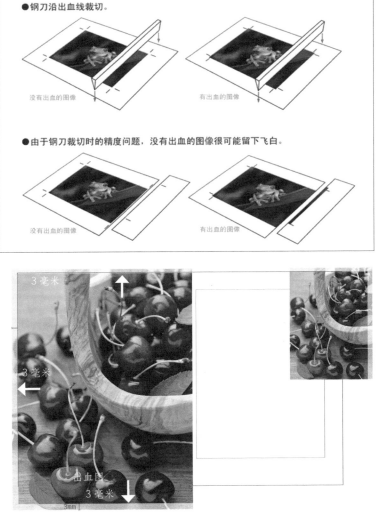

图12-6

印刷完毕后，就是书籍的装订环节了。书籍装订的主要形式有骑马订、锁线胶订、环订等。

骑马订是将印刷好的书页连同封面在折页的中间用铁丝订牢的装订方法，适用于页数不多的小册子、杂志等，是装订方式中最简单、方便的一种。骑马订的优点是简便、加工速度快，订合处不占用有效版面空间，书页翻阅时打开能够平摊，缺点是书籍的牢固度较低，不能订合页数较多的书籍，且书籍的面数必须是"4"的倍数，如16面、32面、72面等，如图12-7所示。

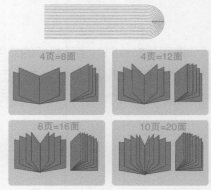

图12-7

无线胶订是指不用纤维线或铁丝订合书页，而是用胶水粘接书页的一种装订形式。无线胶订的方法是，将折页、配贴成册的书芯，用不同手段加工，将书籍折缝割开或打毛，施胶水将书页粘牢，再包上封面。无线胶订与传统的包背装非常相似，其优点是书页平摊、外观坚挺、翻阅方便、成本较低；缺点是书页容易脱落。无线胶订的书籍如图12-8所示。

锁线胶订是指将折页、配贴成册后的书贴，按前后顺序用线紧密地串接起来，然后再包上封面的装订方式，如图12-9所示。它的优点是牢固、易平摊、适用于较厚的书籍，如精装书；缺点是成本较高，书页也必须成偶数才能对折订线。

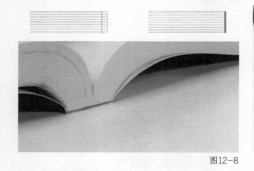

图12-8

图12-9

活页环订是在书的订口处打孔，再用弹簧金属圈或螺纹金属圈等穿锁扣的一种订合形式。该装订形式单页之间不相粘连，适用于需要经常将页面抽出来、补充页面或更换内容的出版物，如菜谱、年历、视觉识别系统（VIS）手册、产品样册、目录、相册等。它的优点是易更换内容，缺点是成本高、不便于包装和叠放运输。常见的活页环订形式有穿孔结带活页装、螺旋形活页装等，如图12-10所示。

图12-10

知识点 2 四色印刷油墨

书籍彩色印刷主要采用四色印刷油墨，其中四色指的是青色（C）、品红色（M）、黄色（Y）和黑色（K）。青色、品红色、黄色、黑色4种颜色的基本油墨进行组合匹配，可以在纸质媒介上印刷出千万种丰富的色彩，如同绘画时调配红色、黄色、蓝色3种原色颜料可以实现丰富美丽的色彩一样，如图12-11/1所示。在"色板"面板中设置的CMYK印刷色对应的就是四色印刷油墨，如图12-11/2所示。

绘画颜料

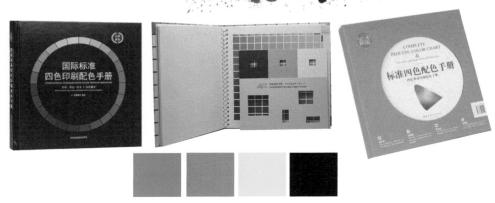

四色印刷油墨

图12-11/1

色板选项

色板名称：C100

☐ 以颜色值命名

颜色类型：印刷色

颜色模式：CMYK

青色	100	%
洋红色	0	%
黄色	0	%
黑色	0	%

☐ C100	
☐ Y100	
☐ M100	
■ k100	

图12-11/2

137

　　InDesign默认的色板色彩极少，使用时可以载入Illustrator软件的色板颜色。载入色板的方法是，开启Illustrator软件，在"色板"面板中选择颜色及颜色文件夹，单击"色板"面板右上角的隐藏菜单按钮，在弹出的菜单中执行"将色板库存储为ASE..."命令，在弹出的对话框中设置好色板交换文件的名称，单击"存储"按钮即可，如图12-12/1所示。然后在InDesign中单击"色板"面板右上角的隐藏菜单按钮，在弹出的菜单中执行"载入色板..."命令，选择桌面上的色板文件即可载入色板（注意，Illustrator色板中的渐变和图案不能载入）。此时色板中将显示新载入的颜色，如图12-12/2所示。

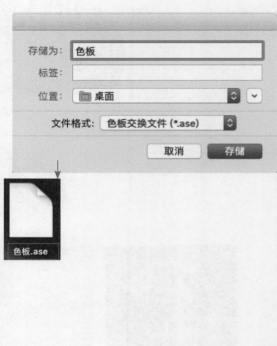

图12-12/1

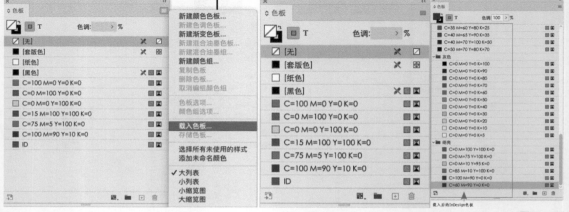

图12-12/2

在色板中双击CMYK中的M（品红色）时，其色值显示为M100/Y100，其中M100的意思是品红色油墨色实底印刷（实底代表纯色），就是类似绘画中挤出大红颜料直接在纸上涂抹，不调配其他颜色。因此，在印刷中，100代表实底印刷，因此如果印刷大红色，需要印刷两遍油墨，即印刷品红色M100+黄色Y100，如图12-13所示。

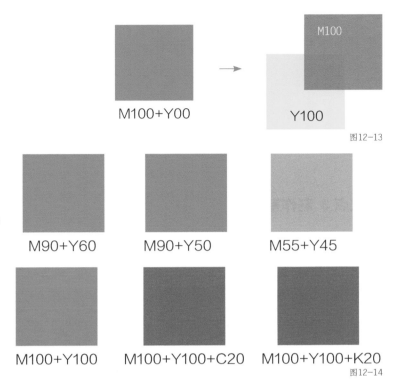

图12-13

而如果想要印刷浅红色，需要通过减少M、Y（黄色）的数值进行调配，这个操作在印刷行业的专业术语中称为加网。加网最好以5的倍数或10的倍数进行设置，如图12-14所示。

了解和掌握实底与加网的概念后，可以调配各种颜色的印刷油墨。此外，设计师最好准备一本专业的CMYK色谱，这是平面设计师必备工具书，如图12-15所示。色谱可以准确呈现印刷色彩，避免显示器偏色造成的色差影响。

图12-14

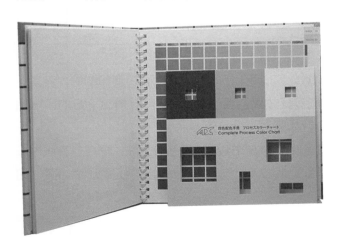

图12-15

在设计时降低色彩的纯度可以让作品显得更加柔和、高雅，如莫兰迪色系（指饱和度不高的灰系颜色）。在文档中置入准备好的配色参考图像，利用工具箱中的颜色主题工具，或按快捷键Shift+I，单击图像可以获取图像的色谱，将其快速运用到版式设计中，如图12-16所示。

图12-16

知识点 3　制作专色版

制作书籍封面时通常会运用烫金、烫银、透明UV（紫外线）、起凸、压凹等印刷工艺，使封面的字体、Logo、图形等呈现特殊的装饰效果，如图12-17所示。

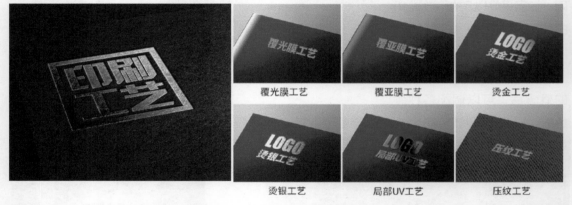

图12-17

常用的透明UV工艺是将紫外线光胶满版或局部固化在印刷品的表面，使印刷的内容呈现出折射的光感，从而突出图形、字体的视觉设计效果。透明UV工艺可以透出下方的印刷油墨，常用于书籍封面、包装手提袋等的印刷，如图12-18所示。

烫金或烫银工艺是借助一定的压力和温度使金属铂烫印到印刷品的上面，形成具有肌理感的金属效果的工艺，常用于书名、标题、线条的装饰等，该工艺不能透出下方的印刷油墨，如图12-19所示。

图12-18　　　　　　　　　　　　　　　　　　　　　　　图12-19

使用印刷工艺需要制作专色工艺版，书籍封面上的矢量字体、Logo、图形等一般会使用烫金、烫银、透明UV、起凸、压凹等工艺效果，如图12-20所示。

制作专色工艺版的方法是，复制印刷图层（CMYK图层）上的Logo、文字（需要创建轮廓）、线条等，新建图层并将其命名为"专色工艺版"，将复制的内容原位粘贴到新图层上，在印刷图层上隐藏该对象即可。下面来看一个案例。

图12-20

选中Logo，在色板中按住Ctrl键新建专色工艺版，将其命名为"烫金–专色工艺版"，双击该色板，在弹出的"色板选项"对话框中将颜色类型设置为"专色"，如图12-21所示。因为此时的专色是一种工艺，不是印刷油墨，所以色相填充区别于四色Logo，需要选择"专色工艺版"图层，选中"烫金–专色工艺版"的对象，执行"窗口→输出"命令，在弹出的"属性"面板中选择"叠印"。

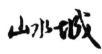

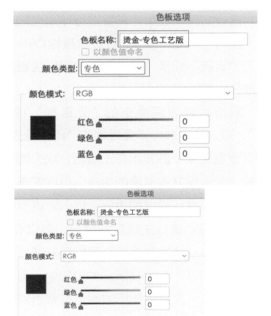

图12-21

将书籍边缘或书籍封面切成异形的工艺被称为专色工艺模切版，其设计文件的制作步骤和烫金等其他专色工艺版基本相同。

以图12-22所示的圆角模切为例，新建图层并将其命名为"专色–模切版"，绘制描边为0.25点的矩形，矩形大小设置为与对页大小相同，将其颜色类型改为专色，将圆角弧度设置为5，即可完成专色工艺模切版的制作，如图12-23所示。

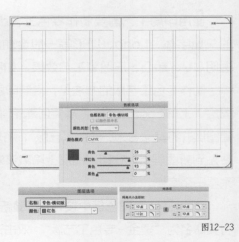

图12-22　　　　　　　　　　　　　　　　　　　　　　　　　图12-23

第2节　文档印前检查

　　设计文件完成后，需要进行印刷前的检查。执行"窗口→链接"命令，或按快捷键Ctrl+Shift+D，打开"链接"面板，在该面板中可以检查图像是否有缺失，如图12-24所示。

　　双击软件界面底部的"无错误"或"2个错误"，打开位于软件界面底端的"印前检查"面板，可以查看文件中的文本有无溢流、缺失图像链接等问题。若出现文本溢流的情况，可以双击"印前检查"面板中提示错误的页码，进入对应页面进行更改；若出现图像缺失链接的情况，可以在"链接"面板中双击红色的错误提示图标重新链接图像，如图12-25所示。在设计版式的过程中，为了避免图像缺失链接，文件中使用的图像需要始终位于同一个文件夹中，不可随意更改名称或移动位置，若图像更改名称或移动位置，需要及时在"链接"面板中更新链接。

图12-24

图12-25

第3节 导出交互式PDF文件

完成印刷前的检查后，执行"文件→导出→Adobe PDF（交互）"命令，在弹出的"导出至交互式PDF"对话框中，选择"全部"和"跨页"选项，可以将文件导出为交互式PDF文件，如图12-26所示。PDF文件有交互式和打印式两种。交互式PDF文件多用于校对或检验设计效果，文件较小，便于快速与客户交流沟通。

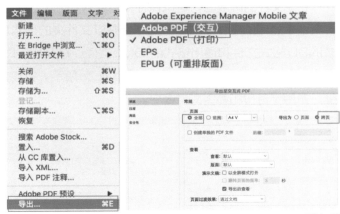

图12-26

第4节 导出打印式PDF文件

完成印刷前的检查后，执行"文件→导出→Adobe PDF（打印）"命令，在弹出的"导出Adobe PDF"对话框的"常规"设置项中设置"兼容性"为"Acrobat 5(PDF 1.4)"，选择"全部"和"跨页"；在"标记和出血"设置项中勾选"使用文档出血设置"，在"输出"设置项的"颜色转换"中选择"无颜色转换"，即可将文件导出为打印式PDF文件，如图12-27所示。打印式PDF文件是印刷成品文件，可以直接交付给印刷厂进行印刷，因此，"导出Adobe PDF"对话框中的"跨页"与"使用文档出血设置"是必须选中的。

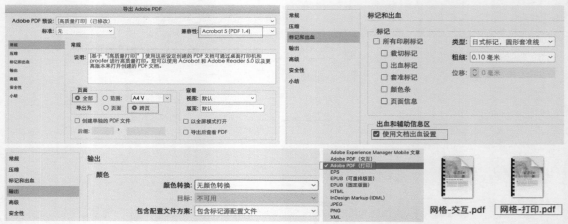

图12-27

第5节 保存打包文件

　　完成文件的排版后，可以保存打包文件。打包文件将文件中的内容重新进行整合，软件会将文件中运用的字体、图像分别组合并以文件夹的形式放置于计算机的指定路径，还将自动生成INDD格式文件和通用格式的IDML文件，以及用于印刷的PDF文件。执行"文件→打包"命令，弹出"打包"对话框，如图12-28所示。打包文件可以保证文件及关联的素材存储完整，多用于备份和最终交付客户。

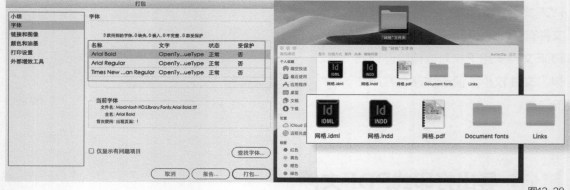

图12-28

本课练习题

操作题

　　根据本课所学知识点，使用本课提供的练习素材，完成图12-29所示的 Logo烫金专色工艺版的制作。

图12-29

操作题要点提示

　　步骤1：在Illustrator中打开本课提供的"山水城"文件，将其复制并粘贴至InDesign软件新建的 A4文件中，如图12-30所示。

图12-30

　　步骤2：在InDesign软件中建立烫金专色图层，在"色板选项"中建立"烫金"专色工艺版，在 输出的"属性"面板中勾选"叠印填充"选项，即可完成烫金Logo的专色工艺版，如图12-31所示。

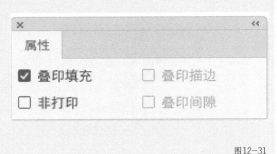

图12-31

第 **13** 课

综合实例

版式设计要考虑行业特质、素材的特点、实际应用、客户诉求等多方面因素，不能过于强调个人风格，要把握全盘，进行综合考量，最终确定版式的风格。

设计师要熟悉并掌握印刷流程，从选定纸质媒介到印刷效果的呈现，从印刷专色工艺效果的实现到装订成册制作出的最终成品，这个过程既要为客户节约成本，又要最大程度实现设计效果。让客户拿到成品后爱不释手，这是每一位设计师追求的终极目标。

本课知识要点

◆ 大图满版型画册版式制作

◆ 简约分割型画册版式制作

◆ 均衡曲线型画册版式制作

◆ 网页制作

→加入本书售后服务群，即可获取本课案例的素材和完整讲解视频。

第1节 大图满版型画册版式制作

大型画册包含油画集、国画集、摄影集等，这类画册多以大幅高清图像展示为主，需要凸显原作的色彩，因此内容以图像为主，文字多作为图像的注释。大型画册开本较大，而且一般较厚，页数通常为100~200页，因此版式框架基本以全画幅的满版型为主。

新建尺寸为210毫米×297毫米的文件，勾选"对页"选项，出血设置为3毫米。在"A-主页"中设置边距和分栏，上边距设置为15毫米、下边距设置为20毫米，内边距设置为20毫米、外边距设置为10毫米，分2栏或3栏均可，这里设为3栏，栏间距选择默认值5毫米，设置自动页码，页码居中对齐于页面，如图13-1所示。

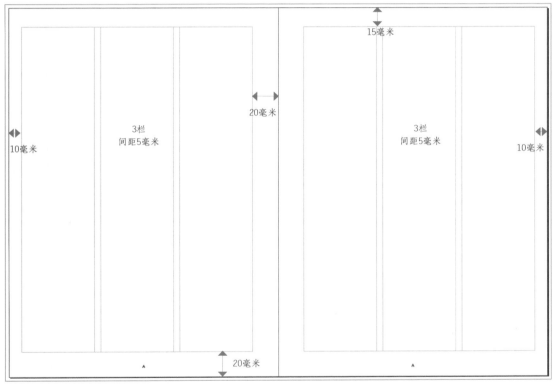

图13-1

选中第一页，置入背景图，将图像置于上、左、右出血的位置，适当调整图像至居中的位置，再使用文本工具置入主标题和正文文字，如图13-2所示。

选中矩形框架工具，拖曳出一个矩形框架，选中框架置入莫奈（又译作莫内）图像，图像的描边设置为白色，描边粗细设置为6点。

如图13-3所示，使用直线工具绘制垂直线段，线条描边粗细设置为6点，将其旋转-45°，分别放置于莫奈图像的4个边角处，作为莫奈图像画框的装饰；将背景图像的不透明度设置为30%。

图13-2

图13-3

　　使用文本工具，粘贴注释文字，设置段落样式，将标题的文字设置得大一些，接着右击鼠标，在弹出的快捷菜单中执行"效果→透明度→投影"命令，为标题设置投影效果，进一步突出标题文字，如图13-4所示。

克洛德·莫奈

（Claude Monet, 1840年 —1926年）

晨雾中，太阳从水面升起，影影绰绰的起重机、烟囱等勉强可辨，离前景最近的小船和船上的人亦仅是一抹剪影……灰色、带灰的橙色、浅紫色、黄白色的颜料铺满了画面，将东方日出、朝霞满天、水面上雾气蒸腾的景象以"印象"的手法表达，令"瞬间"浓缩成"永恒"，莫奈新鲜的尝试令人兴奋。

然而当时大多数观众并不能欣赏他的作品。记者路易·勒鲁瓦假借一位参观画展的专家之口，对展出的作品大大地讽刺挖苦了一番，在谈到《日出·印象》时说道："毛坯的糊墙纸也比这海景更完善。"并且用"印象主义者"来称呼参展的画家——这就是画派名称的由来。

这个最初被当成笑柄的名称却得到了画家们的自我认同，雷诺阿的一个朋友在一篇文章中以简练的语言概括了"印象派"的特点："依据其调子而不依据题材本身来处理一个题材，这就是印象主义者之所以区别于其他画家们的地方。"

图13-4

　　选中接下来的页面，运用矩形框架工具先绘制版式框架，然后置入图像。图像的注释文字需要提前设置段落样式。在各个页面上的文本框架的宽度要尽量保持一致，可适当调节文本框架的高度。注意，图像与注释文字的间距要利用"对齐"面板的"分布间距"命令进行统一，如图13-5所示。

图13-5

在版心中可以利用矩形框架工具对版式框架进行分割，常用的分割框架有2分、4分、6分、9分。图13-6所示的是4分框架。

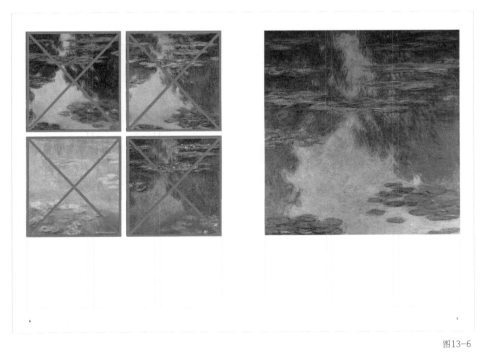

图13-6

跨页出血大图的版式是大型画册常用的版式。注意：相邻页面尽量不采取同样的跨页设计，避免版式雷同；最好运用矩形框架工具分割版式进行穿插版式设计，使画册的整体版式具有丰富的节奏变化。跨页大图版式可以不加注释文字，效果如图13-7所示。

　　以版心为设计框架，在置入图像后，打开"对齐"面板，选择"对齐边距"选项，分别选择图像，单击居中对齐和顶对齐按钮，效果如图13-8所示。此版式以版心为框架，整齐划一，呈现对称的版式布局，很好地突出了图像的视觉效果。这种版式在画册排版中会经常应用。

图13-7　　　　　　　　　　　　　　　　　　　　　　　　图13-8

　　画册的最后一页是单页，不要放大图，有时甚至可以以空白页面做留白设计，如图13-9所示。

莫奈的《睡莲》组画挑战了人的视觉经验，他每幅作品运用的色彩和笔法都不尽相同，因而可以说每一幅《睡莲》都有独特的生命。如果说那一池的浓情还萦于"有法可依"，而那些飘浮在蓝绿色之上的鲜艳的黄色、紫色、红色就绝对是超验的结晶。

当他眼着薄雾泡的收景，久久地坐在水边观看那一池心爱的植物，

他已经获得了这些水上精灵的整体"印象"。

莫奈亲眼看到印象派胜利并享受到印象派成果的人，同时他一定也感受到某种痛苦，那就是印象派画家轻过多年音斗才得到社会承认的艺术理想，在他有生之年已经被一代艺术家所抛弃。

图13-9

知识点 1　画册的封面制作

画册常使用骑马订和锁线胶订两种装订形式。页码少的画册通常使用骑马订，封面文件只有封面和封底，不需要制作书脊；页码多的大型画册一般采用锁线胶订，封面由"封面＋书脊＋封底"组成，如图13-10所示。制作封面时需要创建单页文件。封面和封底的背面分别是封二和封三，一般情况下封二和封三不做任何设计。

图13-10

制作胶装封面时，要考虑书脊的宽度，以开本为210毫米×297毫米的画册为例，封面的宽度加封底的宽度，再加上临时书脊的20毫米宽度，成品展开尺寸应为440毫米（宽度）×297毫米（高度）。在内文页码和纸张未确定时，可以将莫奈画册书脊的尺寸暂时设置为20毫米。新建封面文档时，将莫奈画册封面的尺寸设置为440毫米×297毫米，勾选"单页"选项，设置出血为3毫米。

新建文档后，使用选择工具从标尺左侧拖曳出参考线。选中参考线，在属性面板中将X轴的参数设置为210，按Enter键即可确认书脊的第一根参考线的位置。再次拖曳出第二根参考线，在属性面板中将X轴的参数设置为230，按Enter键即可确认书脊的第二根参考线的位置。至此书脊的20毫米就定位完毕了。在书脊的右侧置入封面主图，并将其置于顶部和右侧出血位置。封底置入4张莫奈的作品，输入文字，最终结果如图13-11所示。

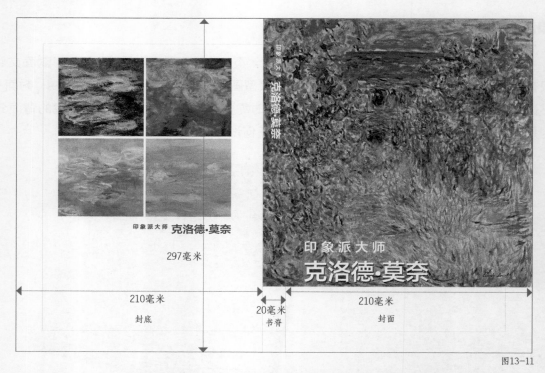

图13-11

没有书脊的骑马订封面的成品尺寸为420毫米（宽度）×297毫米（高度），设计效果如图13-12所示。

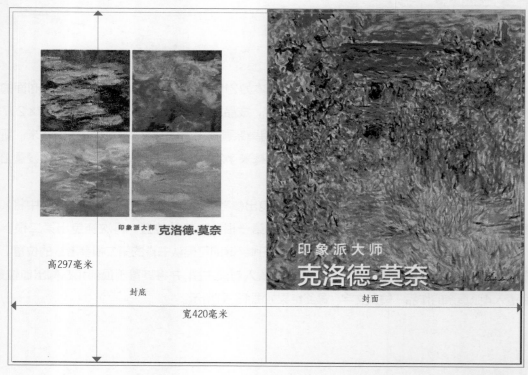

图13-12

知识点 2 彩色图像变黑白图像

在设计中有时需要将彩色图像转变为黑白效果，这样可以为版式增添更多的变化，本案例中画家介绍的页面就使用了这一技巧。

首先选中需要进行变换的图像，将图像框架填充为黑色，再双击图像进入图像框架内，拖曳图像，使其底部显示框架填充的颜色，如图13-13所示。

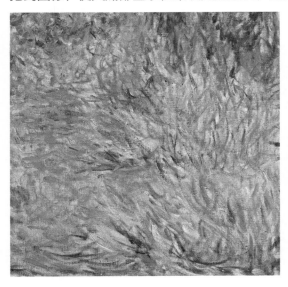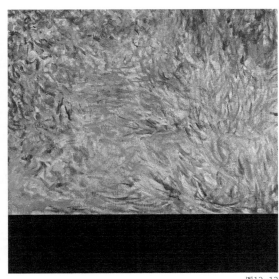

图13-13

接着在选中图像的状态下，执行"窗口→效果"命令，打开"效果"面板，将混合模式设置为"亮度"，这时图像将根据框架填充的颜色变化色调，如图13-14所示。

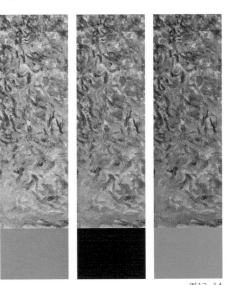

图13-14

本案例画册第一页中的背景图像，经过上述的步骤，根据框架填充的黑色转化为黑白效果，页面最终的设计效果如图13-15所示。

克洛德·莫奈

（ Claude Monet, 1840年 —1926年 ）

晨雾中，太阳从水面升起，影影绰绰的起重机、烟囱等勉强可辨，离前景最近的小船和船上的人亦仅是一抹剪影……灰色、带灰的橙色、浅紫色、黄白色的颜料铺满了画面，将东方日出、朝霞满天、水面上雾气蒸腾的景象以"印象"的手法表达，令"瞬间"浓缩成"永恒"，莫奈新鲜的尝试令人兴奋。

然而当时大多数观众并不能欣赏他的作品。记者路易·勒鲁瓦假借一位参观画展的专家之口，对展出的作品大大地讽刺挖苦了一番，在谈到《日出·印象》时说道："毛坯的糊墙纸也比这海景更完善。"并且用"印象主义者"来称呼参展的画家——这就是画派名称的由来。

这个最初被当成笑柄的名称却得到了画家们的自我认同，雷诺阿的一个朋友在一篇文章中以简练的语言概括了"印象派"的特点："依据其调子而不依据题材本身来处理一个题材，这就是印象主义者之所以区别于其他画家们的地方。"

图13-15

第2节 简约分割型画册版式制作

　　商业产品图录、商业地产楼书、美食菜谱、企业介绍画册等多以丰富的图像并匹配适当的文字内容进行设计，用以介绍企业文化及产品情况。这类画册的开本视图像的篇幅而定，版式设计要求严谨、简洁、整齐、全面、特色细节突出等，比较适合运用分割型的版式进行制作，如图13-16所示。

图13-16

本案例需要新建16页的内页文件，开本为143毫米×253毫米，如图13-17所示，边距设置需要突出版心面积，将版心分为4栏。

此画册共设置了两个主页——"A-主页"和"B-主页"。在"A-主页"上设置页眉和自动页码，使用矩形工具制作一个黄色色块置于左侧页面的底层，作为背景。直接复制"A-主页"的内容到"B-主页"，调换底部黄色色块的位置。这两个主页可随时应用于内容页面，如图13-18所示。

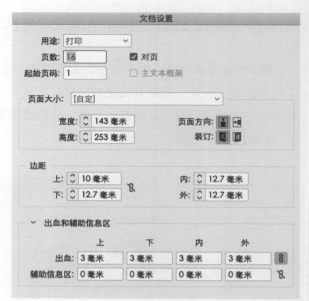

图13-17

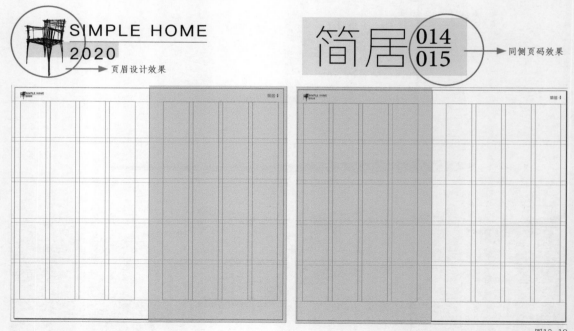

图13-18

出于字体与图像风格一致的考虑，文字的字体选择无衬线字体。本案例画册中抽象的装饰图像以矩形为主，具象的图像为手绘现代椅。设计前需要考虑画册整体的色彩搭配，考虑到家居图像主要以暖色调为主，同时黑白配色能体现整体简约的风格，本画册选定黄、黑、白三色进行搭配。由于简约风格需要大量留白空间，凸显品牌的格调，因此图像以大图为主，适当进行分割版式的设计。

画册的第一页为扉页，扉页主要包含企业名称、画册年份等信息。扉页使用4栏的框架进行设计，上半部分为品牌图像及名称，下半部分中的英文名称和手绘现代椅图像仅占4栏中的2栏，保证大量的留白空间。扉页的主色调选择视觉对比强烈的明黄色，与图像形成较强的视觉对比，字体以简约风格的苹方字体为主。扉页的设计效果如图13-19所示。

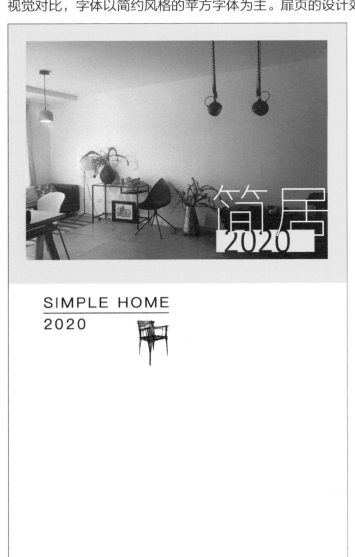

图13-19

这本画册的开本为尺寸为143毫米×253毫米的异形竖向开本，版心的边距设置得较小，因此需要充分运用页眉的位置，将页码设置为右上方的同侧页码形式。这样设计可以充分体现简约的风格，突出大图的满版型覆盖效果。

在跨页中绘制斜跨页面的白色线条，可以打破大面积留白给人的呆板印象，使得垂直纵向的版式具有运动感和活力，如图13-20所示。

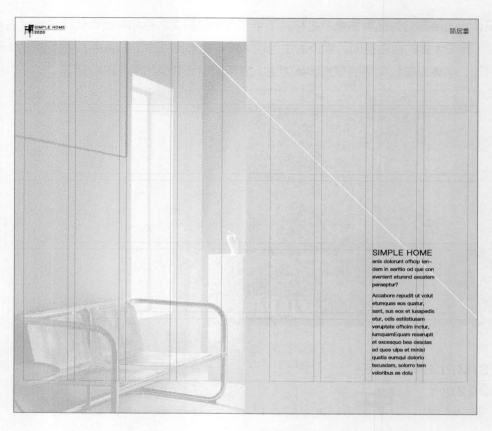

图13-20

在版式设计中可以利用分栏和参考线组成的网格严格规范图像与文字的间距，使整体效果更有秩序感，如图13-21~图13-23所示。

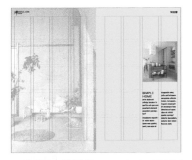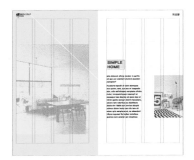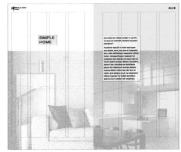

图13-21 图13-22 图13-23

也可以使用直线工具绘制斜线穿插页面，活跃版式，起到视觉引导的作用，如图13-24所示。

图13-24

左右页分割的版式可以形成对比。设计这样的版式时，需要保证图像的色彩、色调具有统一性，如图13-25所示。

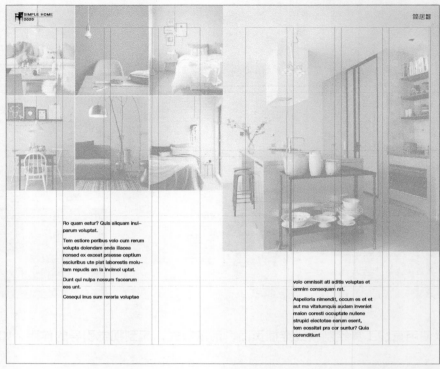

图13-25

图像较多的页面可以使用框架进行设计。将图像框架之间的间距设置得极小，可以与右侧页面的满版大图形成多与少的对比，如图13-26所示。

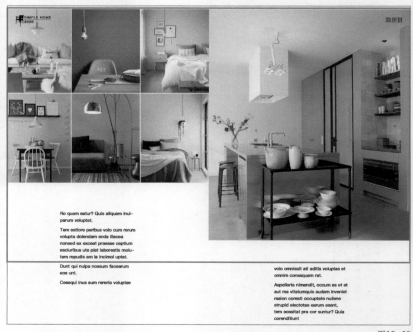

图13-26

在版式设计中，灵活利用色块或矩形线框不仅可以突出展示文字信息，还可以将其作为版式的装饰元素，使版式更丰富，如图13-27和图13-28所示。

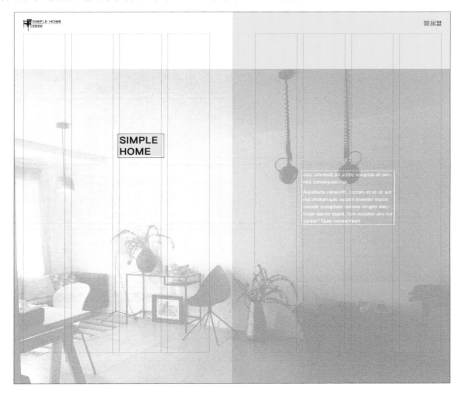

图13-27

图13-28

知识点 1　同侧页码的制作

　　选择"A-主页"，执行"文字→插入特殊字符→标志符→当前页码"命令插入自动页码，将右侧内容页右下角的自动页码放置到页面的右上角，将左侧内容页左下角的页码文本框架拖曳过跨页的中间位置，在右侧内容页即可显示同侧页码效果，如图13-29所示。

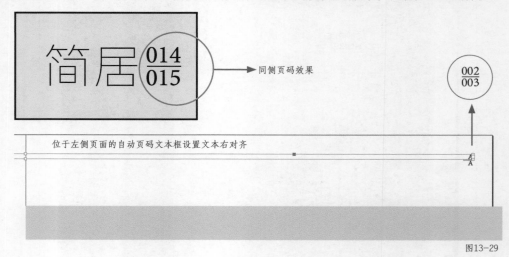

图13-29

知识点 2 使用路径查找器分割文字

在InDesign中可以进行简单的字体设计，使字体的表现形式更丰富，更符合整体的设计风格。

选中文字，执行"文字→创建轮廓"命令，可以将文字的笔画打散进行重新设计。选中文字，创建轮廓，在文字的上方使用矩形工具绘制一个矩形，然后打开"路径查找器"面板并单击减去顶层按钮，就能得到被矩形切割之后的图形字体，如图13-30所示。

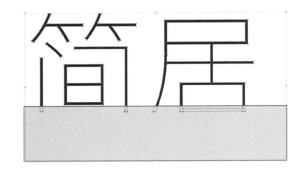

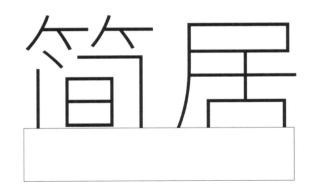

图13-30

第3节 均衡曲线型画册版式制作

分割型和满版型是常用的画册版式。为丰富版式的表现效果，设计师还可以采用均衡曲线型的版式风格，使版面富有节奏和韵律感，设计更灵活多样。本节将通过《山水间》画册的制作来讲解均衡曲线型版式的制作方法，如图13-31所示。在下面的跨页版式中，图像铺满跨页，左右页面过渡自然。页面的主图运用剪切路径的技法将建筑与背景云雾图自然融合，意境悠远，彰显水墨中国风的效果，更加符合画册的主题《山水间》。版式设计要符合画册的主题内容与命题，任何效果都要服从于主题，即内容决定形式，不要本末倒置。

图13-31

知识点 1 剪切路径与图像效果

画册封面的水墨效果是利用水墨路径与图像的组合，呈现出极具民族风格的版式设计效果。在古风版式设计中经常会使用到这个方法，如图13-32所示。下面讲解这种水墨效果的详细制作过程。

图13-32

　　将"水墨肌理"效果的素材图像置入文档，选中它，执行"对象→剪切路径"命令，或按快捷键Ctrl+Shift+Alt+K，打开"剪切路径"对话框，在对话框中根据图像的具体情况设置数值，如图13-33/1所示。完成设置后，选中这张图像，右击鼠标，在弹出的快捷菜单中执行"将剪切路径转换为框架"命令，就能得到新的矢量路径（将路径填充为黑色），如图13-33/2所示。此时图像在下，路径在上，如图13-33/3所示。

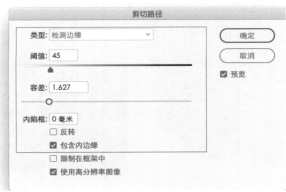

图13-33/1

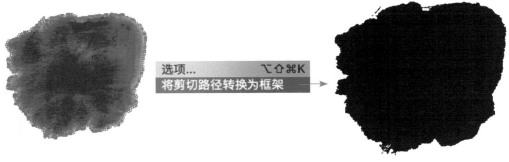

图13-33/2

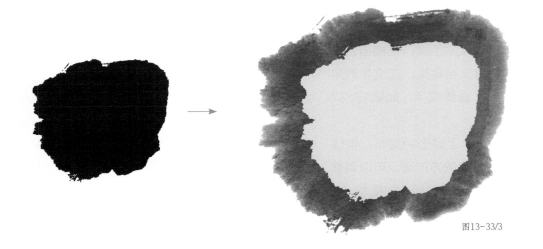

图13-33/3

选择上方的路径，将其填充为黄色，再置入房屋的图像，然后右击鼠标，在弹出的快捷菜单中执行"效果→基本羽化"命令，就可以得到带水墨边缘的图像效果，如图13-34所示。

使用钢笔工具绘制形状，也可以打造特殊形状的路径剪切效果。

选中文档中置入的图像，使用钢笔工具在图像上绘制路径描边，如图13-35所示。

图13-34

图13-35

复制图像，选中绘制的路径，执行"编辑→贴入内部"命令，将复制的图像粘贴至路径内部，然后再右击鼠标，在弹出的快捷菜单中执行"效果→基本羽化"命令，即可得到不规则的边缘渐变效果，如图13-36所示。

知识点 2 文字直排版式效果

在古风设计中还经常会出现直排的文字版式。选中工具箱文本工具中的直排文本工具，拖曳出自右往左的竖排文档框架，在文本框架中即可输入直排文字，如图13-37所示。

使用文本工具选中文字，按住Alt键再按键盘的方向键，可以调整文字间距及竖排的行距，如图13-38所示。

绘制路径

贴入图像

基本羽化

图13-36

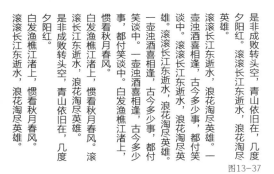

图13-37

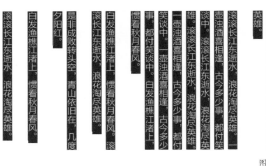

图13-38

在"字符"面板的隐藏菜单中执行"下划线"命令，可以给文字添加下划线。打开"下划线选项"对话框，可以设置下划线的粗细、位移、颜色，随时调整文字间距及竖排的行距，使下划线的视觉效果与设计预期相匹配，如图13-39所示。

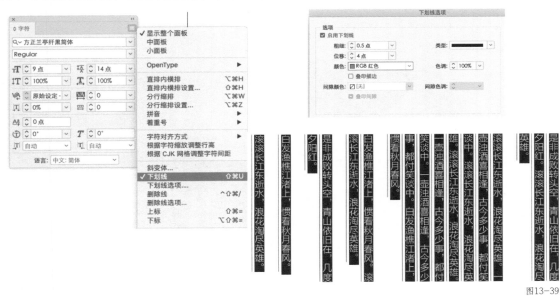

图13-39

打开"段落"面板，设置文本的底纹和边框，配合直排文字，可以设计出古典风格的信笺效果，如图13-40所示。

图13-40

　　水墨风格的图像与竖排文字相结合，凸显了中国古典设计的古朴雅致，非常符合该房地产项目的定位与宣传需求。完整效果如图13-41所示。

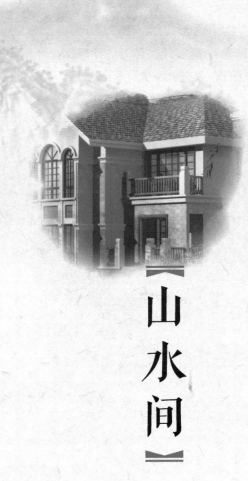

【山水间】

是非成败转头空，青山依旧在，
几度夕阳红。滚滚长江东逝水，
浪花淘尽英雄。

一壶浊酒喜相逢，古今多少事，
都付笑谈中。滚滚长江东逝水，
浪花淘尽英雄。滚滚长江东逝水，
浪花淘尽英雄。一壶浊酒喜相逢，
古今多少事，都付笑谈中。一壶
浊酒喜相逢，古今多少事，都付
笑谈中。白发渔樵江渚上，惯看
秋月春风。

白发渔樵江渚上，惯看秋月春风。
滚滚长江东逝水，浪花淘尽英雄。
是非成败转头空，青山依旧在，
几度夕阳红。

几度夕阳红。是非成败转头空，青山依旧在，
长江东逝水，浪花淘尽英雄。滚滚
壶浊酒喜相逢，古今多少事，都
青山依旧在，几度夕阳红。滚滚
是非成败转头空，青山依旧在，
花淘尽英雄。滚滚长江东逝水，浪
付笑谈中。是非成败转头空，
青山依旧在，几度夕阳红。白发
渔樵江渚上，惯看秋月春风。一
壶浊酒喜相逢，古今多少事，都

图13-41

知识点 3　图形切割效果

　　使用图形切割的形式展示多张图像是一种巧妙的图像编排形式，适用于集中展示多张产品细节图，能够让图像有秩序感和整体感。本案例中使用这个方法来展示房地产产品的室内装修细节，如图13-42所示。

图13-42

首先使用椭圆工具绘制一大一小两个圆形，小的圆形位于上方。选中两个圆形，在"路径查找器"面板上单击减去上方按钮，得到圆环形状，效果如图13-43/1所示。绘制细长的矩形，通过旋转复制得到"米"字形状，将该形状放置在圆环上，选中所有对象，在"路径查找器"面板上单击减去上方按钮，可以得到8等分的圆环，如图13-43/2所示。选中8等分的圆环，执行"对象→路径→释放复合路径"命令，或按快捷键Ctrl+Shift+Alt+8释放复合路径，然后将图像分别置入相应的路径区域，即可得到图形切割的图像展示效果，如图13-43/3所示。

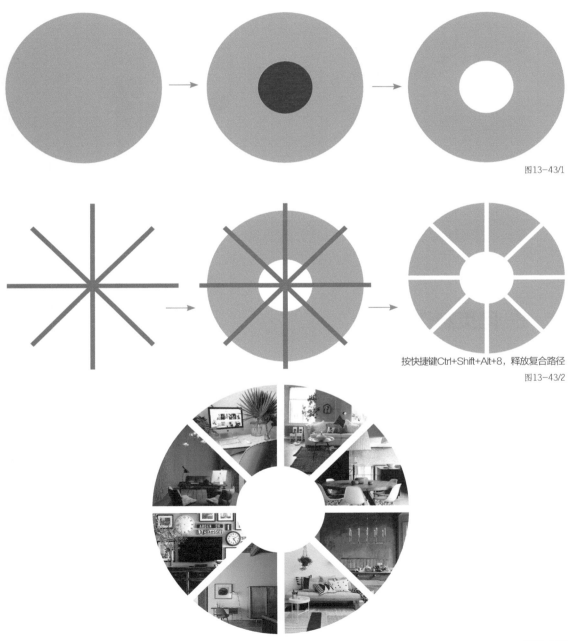

图13-43/1

按快捷键Ctrl+Shift+Alt+8，释放复合路径

图13-43/2

图13-43/3

图形切割版面的最终制作效果如图13-44所示。

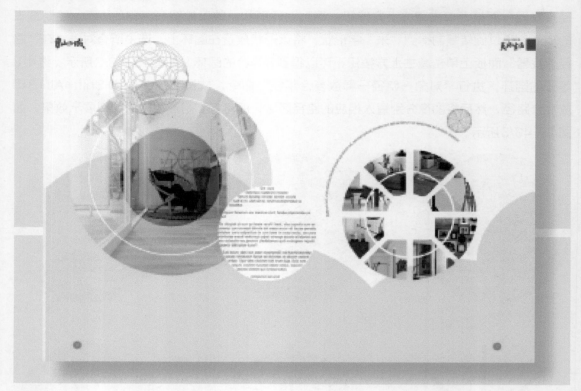

图13-44

第4节　网页制作

执行"文件→新建文档"命令，在"新建文档"对话框中选择"Web"，文档尺寸的单位为像素（px），网页首页尺寸为1920像素×800像素，如图13-45所示。

在进行具体的制作前，可以先确定网页的版式框架，再进行内容的设计和填充。使用图形工具和文字工具先在页面上绘制出基本的网页雏形，如图13-46所示。

使用选择工具选中绘制的版式图形，执行"窗口→实用程序→脚本"命令，在"脚本"面板中执行"AddGuides.jsx"命令，被选中的图形会自动形成参考线，以供设计参考，如图13-47所示。

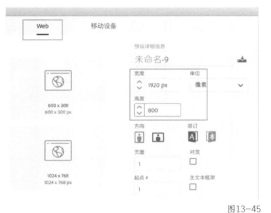

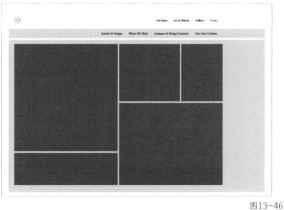

图13-45　　　　　　　　　　　　　　　　　　　　　图13-46

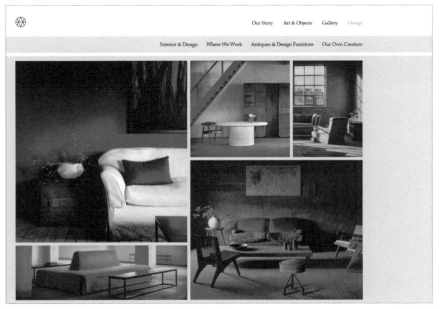

图13-47

　　最后，将准备好的图像素材和文字素材置入绘制好的图形中，完成网页制作，效果如图13-48所示。

图13-48